LCOS微投影显示中照明系统的研究和设计

甄艳坤 著

中国原子能出版社

图书在版编目(CIP)数据

LCOS 微投影显示中照明系统的研究和设计 / 甄艳坤著. -- 北京 : 中国原子能出版社, 2019.3

ISBN 978-7-5022-9717-6

Ⅰ. ①L… Ⅱ. ①甄… Ⅲ. ①投影显示器—照明技术—研究 ②投影显示器—照明技术—系统设计 Ⅳ. ①TN873

中国版本图书馆 CIP 数据核字(2019)第 050222 号

内 容 简 介

投影显示系统主要由照明系统和投影成像系统两部分组成，其中照明系统作为投影显示系统的重要组成部分，对于投影图像亮度和均匀性起到了决定性作用。本书以 LCOS 微投影显示中照明系统为重点，介绍了非成像光学理论在投影显示照明系统中的运用，并对所设计的照明系统模型进行光学追迹研究和分析，主要内容包括：非成像光学在投影显示照明系统设计中的应用、照明系统中光源和光学元件的模拟分析、LCOS 微投影显示中照明系统设计等。本书结构合理，条理清晰，内容丰富新颖，是一本值得学习研究的著作。

LCOS 微投影显示中照明系统的研究和设计

出版发行　中国原子能出版社(北京市海淀区阜成路 43 号　100048)
责任编辑　张　琳
责任校对　冯莲凤
印　　刷　北京亚吉飞数码科技有限公司
经　　销　全国新华书店
开　　本　787mm×1092mm　1/16
印　　张　8
字　　数　143 千字
版　　次　2019 年 7 月第 1 版　2024 年 9 月第 2 次印刷
书　　号　ISBN 978-7-5022-9717-6　　定　价　42.00 元

网址：http://www.aep.com.cn　　E-mail：atomep123@126.com
发行电话：010－68452845　

前　　言

投影显示系统主要由照明系统和投影成像系统两部分组成，其中照明系统作为投影显示系统的重要组成部分，对于投影图像亮度和均匀性起到了决定性作用。本书以 LCOS 微投影显示中照明系统为重点，介绍了非成像光学理论在投影显示照明系统中的运用，并对所设计的照明系统模型进行光学追迹研究和分析。

第 1 章为绪论，介绍三种采用不同微显示芯片的主流投影显示技术，并分别对其光学结构和基本工作原理进行阐述，同时补充介绍另外几种非主流投影显示技术。第 2 章是介绍非成像光学基本概念和投影显示照明系统的设计基本理论，其中非成像光学在投影显示照明系统设计中的应用是整本书的重要理论基础。第 3 章是在以上理论基础上，将非成像光学中的光学扩展量概念运用到投影显示照明系统设计中去，对几种在投影显示照明系统设计中经常采用的光学元件的工作原理进行了模拟分析。其中，针对用于 UHP 光源所发出的光束进行收集、循环利用的球形回复反射器 SR(Spherical Retro-reflector)，经过改造后所设计的特殊抛物面回复反射器 SPR(Special Parabolic Retro-reflector)，后者可以使系统收集光能效率提高 6%，有利于进一步提高 UHP 光源微投影显示系统的光能利用率；针对用于 LED 光源所发出的大角度光线进行收集和整形作用的 TIR 透镜，将采用光线追迹和结构优化相结合的方法，以系统光能利用率和照明均匀性为基元构建评价函数，对 TIR 透镜进行优化设计。第 4 章是在以上理论研究和模拟分析的基础上，分别针对 UHP 和 LED 光源，将优化和改造得到的照明光学元件运用到微投影显示的照明系统设计中，并结合投影成像系统设计了四套单片式 LCOS 微投影显示系统模型，通过光线追迹模拟结果，对系统性能进行了评价分析和对比。第 5 章是对所做的工作进行总结，并指出下一步工作研究方向。

本书的撰写得到了西安石油大学优秀学术著作出版基金资助，作者在此表示最衷心的感谢。由于作者自身水平有限，加之投影技术中照明光源和芯片技术发展迅速，难免有疏漏和错误之处，敬请读者批评指正。

作　者

2018 年 12 月

目　录

第1章　绪　　论

进入21世纪，随着电视广播媒体和计算机媒体的出现和迅猛发展，以及网络技术的普遍应用和信息技术的进步，整个社会的生活和生产环境发生了巨大的变革，社会全面进入了多媒体信息化时代，信息的种类也逐渐丰富多彩，再也不仅仅只是单调枯燥的数字文本，更多的是以图像、声音等多媒体形式出现。为了在多种场合获得大屏幕、多色彩、高亮度以及高分辨率的显示效果，作为图像信息的主要载体，投影显示产业已经取得了极大的进步。通过投影显示方式获得大屏幕显示效果，可以克服采用直接显示方式所带来的体积庞大、重量和成本增加等一系列问题，并且在微电子、光学技术以及其他附属技术的发展和强有力的技术支持下，投影显示已经从家庭娱乐、商用等领域推广到军事指挥、大型会议等更多领域，成为大屏幕显示[1,2]的主流方式。

§1.1　投影显示技术简介

投影技术发源于19世纪早期，是在19世纪末20世纪初电影的发明和流行的基础上推广开来的，其中基于微显示芯片的投影显示技术，是利用光学系统将对角线尺寸约为0.45～1.3英寸的微显示芯片所产生的图像放大后投影在屏幕上。它结合了光学和成熟的半导体技术，是一种性价比高的实现大尺寸高分辨率显示的途径[3]。

基于微显示芯片的投影显示技术与成熟的CRT投影显示技术相比，主要区别在于CRT投影显示技术[4,5]是将输入信号源分解到红、绿、蓝三个CRT管的荧光屏上，此时在高压作用下荧光粉的发光信号经过放大、会聚，在屏幕上显示出彩色图像，是一种通过在显示器件上直接形成高亮度的图像，再由光学系统成像在屏幕上的显示方式，而前者是采用自身并不发光的微显示芯片作为空间光调制器，通过图像动态输入信号来改变显示芯片自身的反射率、折射率等光电特性，以进一步控制外光源照明光束，将显示芯片控制的图像信息投影到屏幕上。虽然CRT显示投影技术具有图像显示色彩丰富、还原性好、具有丰富的几何失真调整能力等优点，但是由于图像分辨率与亮度之间相互制约，整体操作复杂，移动性也不好，已经随着其他投影显示技术的发展而逐渐退出市场。

目前利用微显示芯片开发的投影显示系统，在技术上已经相当成熟，主要采用以下 3 种微显示芯片：TFT-LCD(Thin Film Transistor Liquid Crystal Devise)、LCOS(Liquid Crystal on Silicon)、DLP(Digital Light Processor)。

§1.1.1 TFT-LCD 投影显示技术

TFT-LCD 投影显示技术又名透过型液晶投影技术，它采用具有快速反应和高对比度的透过式液晶光阀作为空间光调制器[6,7]，是三种投影显示技术中起步较早和发展最成熟的技术。液晶是介于液体和固体之间的物质，本身并不发光，但是液晶分子的排列可以在电场的作用下发生变化，TFT-LCD 投影显示技术正是利用液晶的光电效应，通过电信号控制液晶单元的透光率，以达到准确控制通过液晶单元的光线的目的，从而在屏幕上产生具有不同灰度层次及颜色的图像[1]。

TFT-LCD 投影显示技术是一种采用外光源照射的被动式投影方式，按照 TFT-LCD 显示芯片的片数，系统可分为三片式和单片式结构。在单片式系统中，选用了一片 TFT-LCD 显示芯片作为空间光调制器，整个系统具有体积小，重量轻，操作、携带极其方便，成本低等优点。但是由于 TFT-LCD 显示芯片上覆盖有栅格，光线透过率低，造成最后投影效果亮度低，尤其是高分辨率时情况更为严重，所以一般单片式 TFT-LCD 投影显示系统只适用于低端产品。目前 TFT-LCD 投影显示系统一般选用三片式结构，图 1-1 为典型的三片式 TFT-LCD 投影显示系统结构示意图。由光源发出的光经过由反光碗、复眼积分器、偏振转换系统以及分色系统组成的照明系统后，光束被均匀化并整理成偏光方向，同时光束分离成红绿蓝三原色，照射到与各颜色相对应的三片 TFT-LCD 显示芯片上；电信号经过模数转换，调制加载到显示芯片上，通过控制液晶单元的开启、闭合，从而控制光路的通断，再用合色棱镜将各液晶光阀调制了的光束合成，由投影镜头投射在屏幕上形成彩色图像[1]。此结构的优点在于由于采用红、绿、蓝三原色独立照明的 TFT-LCD 显示芯片，可以通过分别调整每个彩色通道的亮度和对比度，以得到高保真色彩的投影效果，但必须保证三种颜色的光线精确汇聚是此类三片式结构的一个不利因素[8]。

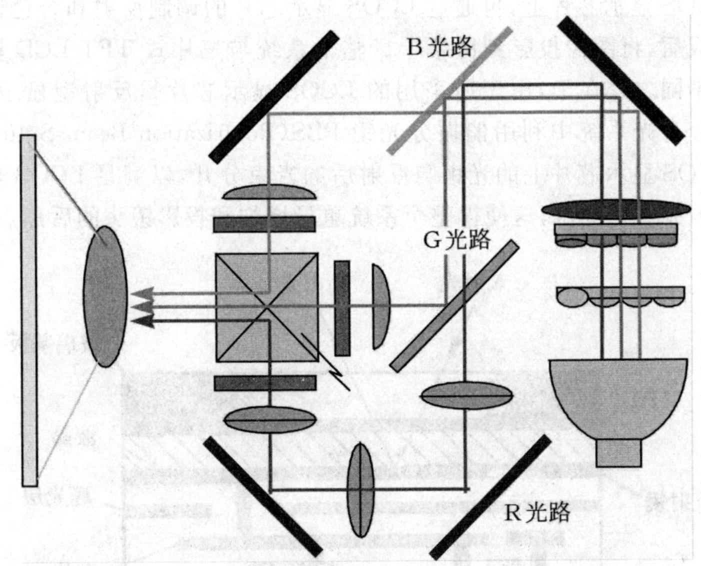

图 1-1 三片式 TFT-LCD 投影显示系统结构示意图

§1.1.2 LCOS 投影显示技术

LCOS 投影显示技术是一种反射型液晶投影技术，采用的也是一种以液晶光电效应为基础的反射式显示芯片作为空间光调制器，是半导体技术与液晶技术相结合的新技术[9,10]。LCOS 显示芯片的基本结构如图 1-2 所示，在硅片上利用半导体制作驱动面板(CMOS-LCD)，然后在电晶体上利用研磨技术磨平，并镀上铝当作反射镜，形成 CMOS 基板，然后将 CMOS 基板与含有透明电极的玻璃(ITO)基板贴合，注入液晶进行封装[1]。由于驱动电路隐藏在金属反射电极的背面，液晶工作在反射状态，所以显示芯片开口率可达 90%以上，即使增加像素点也不会降低开口率。与 TFT-LCD 显示芯片的光能利用率相比，LCOS 显示芯片光能利用率达到 40%，大大超过了后者，解决了 TFT-LCD 显示芯片构造上高分辨率和高亮度相对立的问题。

目前 LCOS 显示芯片的设计、制造都已经取得了非常显著的发展，分辨率从 320×240 到 2 048×2 048 的 LCOS 显示芯片已经应用于投影显示产品[11,12]中。同样按照 LCOS 显示芯片的片数，LCOS 投影显示系统结构也分为三片式和单片式结构。如图 1-3 所示，LCOS 投影显示系统的三片式结构从整体上分为 RGB 三条光路[13]，光源所发出的光束经过照明系统的均匀化并整理成偏光方向后，来自每一基色的光照射到与自己颜色相对应的 LCOS 显示芯片上，再通过 LCOS 显示芯片的调制反射和合色棱镜的光束合成后，将图像投影到屏幕上。整个系统与三片式 TFT-LCD 投影显示系统不同之处在于，由于所采用的 LCOS 显示芯片是反射型显示器件，需要在分合光系统中利用偏振分光镜 PBS(Polarization Beam Splitter)将入射 LCOS 显示芯片上的光束与反射后的光束分开，以满足 LCOS 显示芯片的偏振光照明要求，这使得整个系统重量增加和投影镜头的后焦点变长。

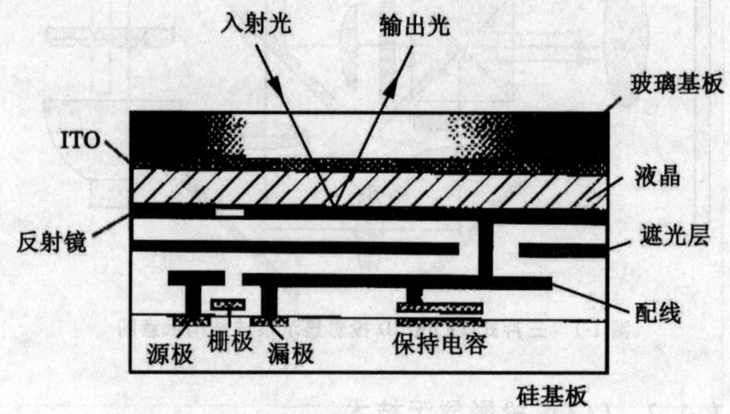

图 1-2 LCOS 显示芯片结构截面图

相较于三片式 LCOS 投影显示系统，目前单片式 LCOS 投影显示系统更具有一定的发展空间，图 1-4 是单片式 LCOS 投影显示系统结构示意图，其最大的优点在于仅需要一块 LCOS 显示芯片，通过色轮[14]快速旋转切换方式将光源产生的白光形成循序的红、蓝、绿三原色光，并将三原色光与显

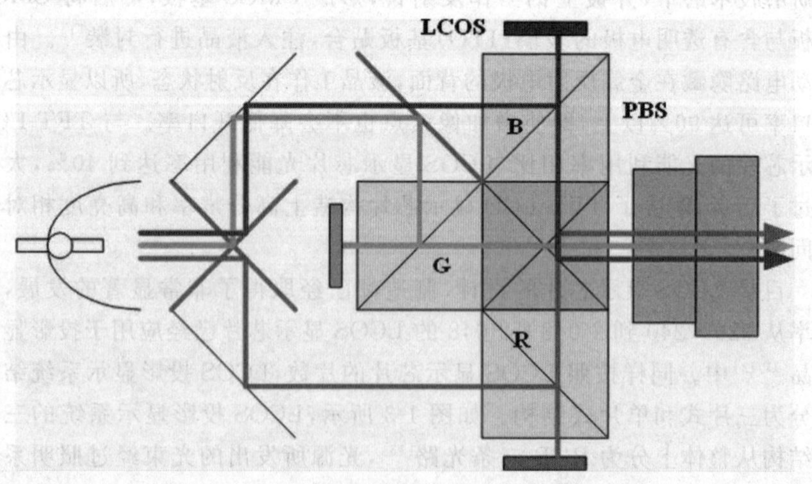

图 1-3 三片式 LCOS 投影显示系统结构示意图

示芯片产生的红、蓝、绿画面同步形成分色影像，再借助人眼视觉特性，最后在人脑产生彩色的投影画面。从图中可以看出，由于采用反射方式，照明光路和投影光路部分重合，使得整体光学结构的体积会大大减小，但也有一定的不足之处：白光经过色轮后的光源通量仅为先前的 1/3，亮度明显降低，并且要求 LCOS 显示芯片具有一定的反应速度来快速完成红、蓝、绿画面的切换、合成影像。

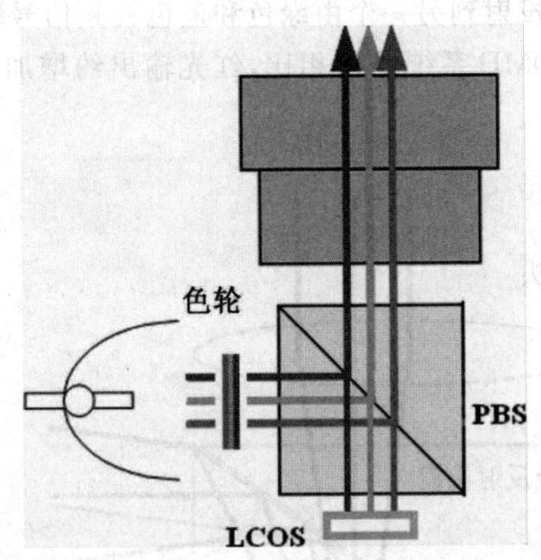

图 1-4　单片式 LCOS 投影显示系统结构示意图

§1.1.3　DLP 投影显示技术

DLP 投影显示技术[15]是一种新型数字信息投影显示技术，整个投影显示系统采用美国德克萨斯仪器公司开发的由数以千计的微反射面构成的数字式微反射镜器件 DMD(Digital Micro-mirror Device)作为空间光调制器。DMD 是把电、机械、光学功能集成在一个半导体芯片上的微光学机电系统，具有单片集成化、高速动作特点的数字光开关的反射型矩阵，可用来捕捉、接收、存储数字信息[16,8]，其在 DLP 投影显示系统中的工作原理如图 1-5 所示[17]。

从图 1-5 中可以看出，DMD 的每个微反射面代表一个显示芯片的像素，可通过视频信号来控制这些微反射面，以达到让光线进入投影镜头光路并聚焦到投影屏上形成一个像素，或偏离投影透镜光路，关闭像素的目的。

DLP 投影显示系统根据 DMD 芯片的数目分成单片、两片和三片 DLP[18] 投影显示系统，分别应用于便携式投影产品、大型拼接显示墙、超高亮度投影机[8]。如图 1-6 所示，在两片式 DLP 投影显示系统中[6]，使用了两片 DMD 显示芯片，所采用色轮不用红、绿、蓝滤光片，而是使用两个辅助颜色：品红和黄色，其中品红滤光片允许红光和蓝光通过，而黄色滤光片可通过红光和绿光，滤光的结果是红光一直通过滤光系统，蓝光和绿光在品红—黄色滤光片交替旋转中通过，实质上各占用一半通光时间。通过色轮选择的光线直接入射到双色分光棱镜系统上，其中连续的红光被分离出来入射到专门用来处理红光和红色视频信号的 DMD 芯片上，而按照顺序通过的蓝色与绿色光投射到另一个由绿色和蓝色视频信号驱动的 DMD 芯片上，此结构与单片 DMD 系统结构相比，红光输出约增加 3 倍，蓝光和绿光输出约增加 50%[19]。

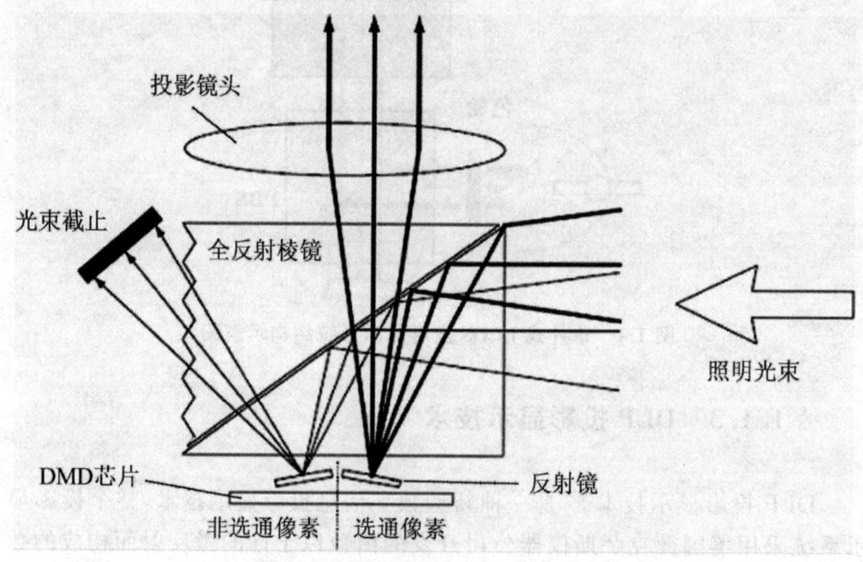

图 1-5 DMD 在 DLP 投影显示系统中的工作原理图

DMD 作为数字式器件在投影显示系统中得到应用，使得 DLP 投影显示技术与 TFT-LCD 和 LCOS 投影显示技术相比，具有以下的优势[4,8]。

1）数字优势：在 DLP 投影显示系统中外来图像数据无需经过数模（D/A）转换，不仅可直接调制成像，所得到的图像噪声减小、画面质量稳定，还可通过数字化控制直接无限次地彩色复制，精确地再现数字图像。

2）反射优势：由于构成 DMD 显示芯片像素的微反射面之间的间距很小，这使得 DMD 显示芯片具有比 LCOS 显示芯片更高的光能利用率。

3）分辨率优势：由于 DMD 显示芯片上每个微反射镜间隔不足 1 μm，这使得将图像投影成具有更高可见分辨率的无缝隙图像成为可能。只要相对可视距离和投影图像画面大小调节合适，所得到的图像画面会没有像素结构感，表现平滑、细腻、自然。

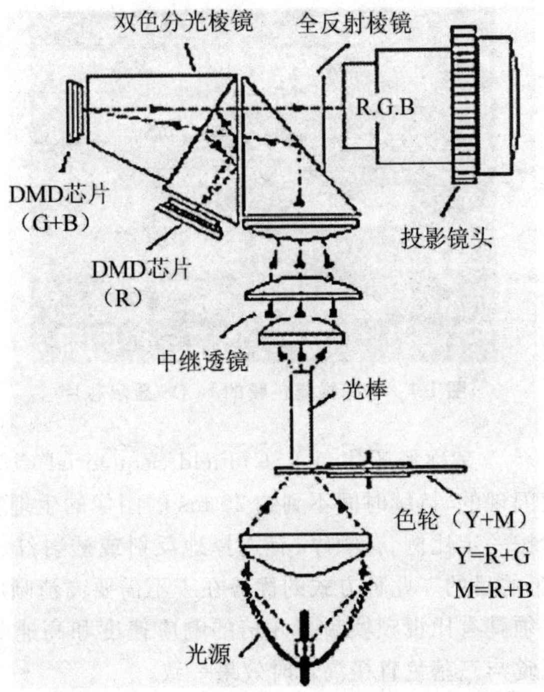

图 1-6 两片式 DLP 投影显示系统结构示意图

§1.1.4 投影显示中的彩色化方式

在以上三种投影显示技术中，都必须采用一定方式，按照三基色原理，将红、绿、蓝基色以一定比例混合，以期得到最终的彩色画面。在投影显示技术中，是采用空间或时间混色作为彩色化方式，这两种方式都是通过积极利用人眼生理上的特点来达到图像彩色化目的。

空间混色[20]利用人眼空间细节分辨率差的生理特点，当平面上的三个基色光点足够小且充分靠近，人眼所感到的是三种基色光混合后所具有的颜色。在实际应用中有两种变形模式，一种如图 1-1 所示体积过大的三片式结构，使用三块显示芯片，分别调制红、绿、蓝光源，经过调制后的三种基色光同时到达屏幕，给出一个较亮的投影图像。另一种是将显示芯片的一个像素设计成由三个小于 0.1 mm 左右的子像素构成，每个子像素覆盖红、绿、蓝基色滤色膜。采用后一种混色模式的显示芯片有效显示面积只是全部面积的 1/3，降低了全色显示芯片的空间分辨率，同时显示芯片的微滤色膜会造成光线通过显示芯片单元时，影响损失 40％以上的能量。图 1-7 是带有微滤色膜的 LCOS 显示芯片[21]。

图 1-7　带有微滤色膜的 LCOS 显示芯片

时间混色[22,23]又称场顺序色 FSC(Field Sequential Color),利用人眼不能区分快速闪现的、持续时间不到约 20 ms 的图像的生理特点,在短时间内让显示芯片按一定比例、有顺序、有选择地反射或透射红、绿和蓝三基色光,以达到混色的目的。此种方式的优势在于不需要高清晰的显示芯片,但是显示芯片必须具有比视频帧频高 3 倍的响应速度和高速驱动电路,才能保证产生的视觉与三基色直接混合时效果一致。

三基色之间的切换手段如图 1-8 所示,用色轮对全色光源分色产生时序光,或直接用一定频率的时钟信号驱动由红、绿、蓝三基色组成的三基色时序[24]光源来实现,这样减少了制作微滤色膜的复杂工艺,有利于提高系统显示分辨率。

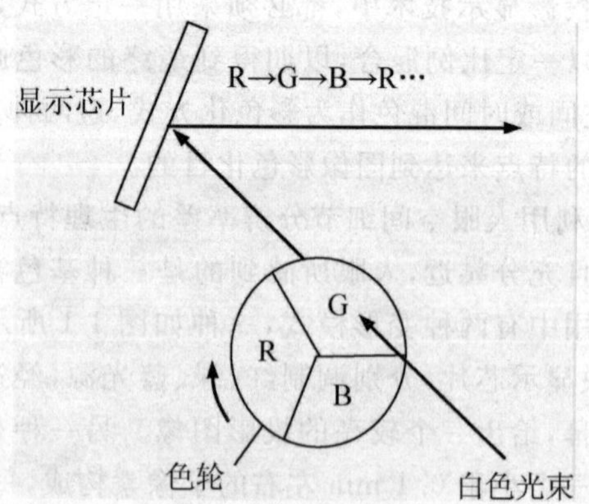

图 1-8　色轮场顺序色方式

在以上这些三基色之间的切换过程中,由于在某一时间范围内,只让一种颜色的光进入系统光路，所以总会有至少 2/3 的能量损失。为了克服以上切换手段的缺点，有效地防止 FSC 方式中光能利用率低的问题，采用如图 1-9 所示的扫描照明光学系统[25]，其中 RGB 三基色每路光束通过棱镜的旋转，使得 RGB 三基色每次都同时照射显示芯片上的 1/3 面积，并且保证其在显示芯片的照明位置连续变化，总的来说这是一种 RGB 三基色光在显示芯片上连续上下滚动的时间混色手段。

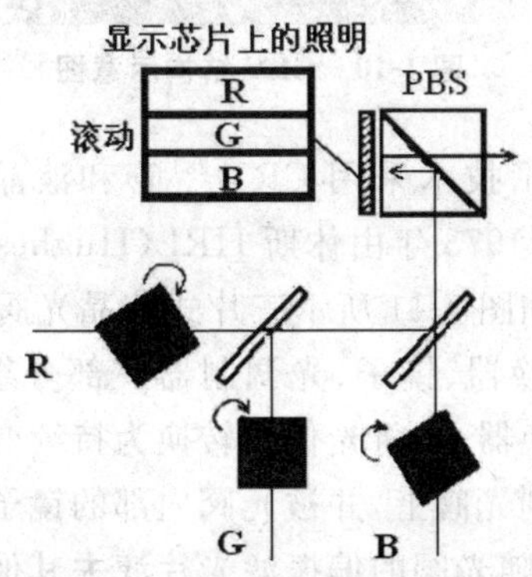

图 1-9 滚动扫描场顺序色方式

§1.1.5 其他投影显示技术

随着光源技术和显示芯片制作工艺的进步和发展，在现有投影显示技术的基础上，新型投影显示技术不断出现，针对投影市场中不同领域的需求，设计出了许多产品。

GLV(Grating Light Valve)[8,26]投影显示技术是由美国斯坦福大学和 Silicon Light Machine 公司研发的专利技术，也称为栅状式光阀投影显示技术。其基本原理与 DLP 投影显示技术类似，也是以微机电原理为基础，通过控制某一单元的光线反射情况来决定图像的显现与否。与 DLP 投影显示技术不同的是：在 GLV 投影显示技术中的光线反射器件是由一条条带状的反射面组成，而不是 DMD 显示芯片中的微小透镜。带状反射面根据基板上提供的电压，进行极小幅度的上下移动，决定光线的反射与偏折，再加上其反射装置的高度切换，完成影像的再现。如图 1-10 所示[27]，GLV 投影显示技术的主要优势在于：GLV 是采用线型排列的空间光调制器，可经过高速度扫描形成面型显示区域，而非其他投影显示中所直接使用的面型显示芯片，这使得 GLV 显示器件的生产质量大幅度提高，具有更稳定的运行性、更方便的应用性。

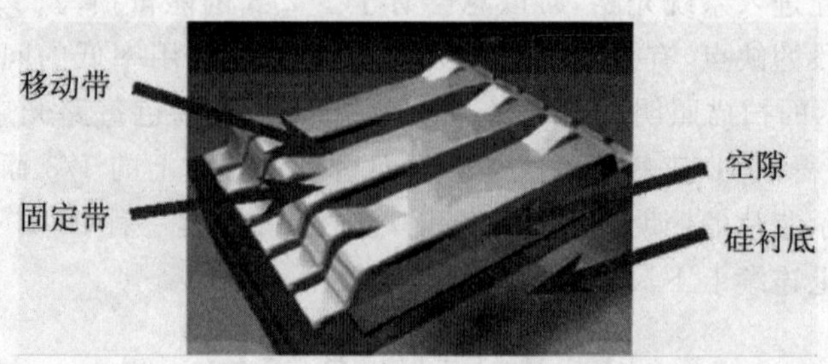

图 1-10　GLV 结构示意图

液晶光阀投影显示技术采用 CRT[28] 管和液晶光阀作为空间光调制器，其中液晶光阀是在 1973 年由休斯 HRL(Hughes Research Laboratory)实验室开发成功[6]。如图 1-11 所示三片式液晶光阀投影显示结构示意图，一般光阀[26] 由光电转换器、镜子、光调制器三部分组成，通过 CRT 输出的光信号照射到光电转换器上，将光信号转换为持续变化的电信号；当外光源产生的一束强光投射到光阀上，并被光阀内部的镜子反射后，通过光调制器改变光学特性，并被紧随光阀的偏振滤光片滤去其他方向的光，最终被投射到屏幕上的光与 CRT 信号相一致。液晶光阀投影显示技术在克服 CRT 投影显示技术亮度较差缺点的同时，充分发挥了传统 CRT 投影显示技术的高分辨率优势。由于此类投影系统的价格较高，体积也较大，光阀不易维修，通常只适用于光线较强、观众较多的场合中使用，所以目前还没有太大的市场销售份额。

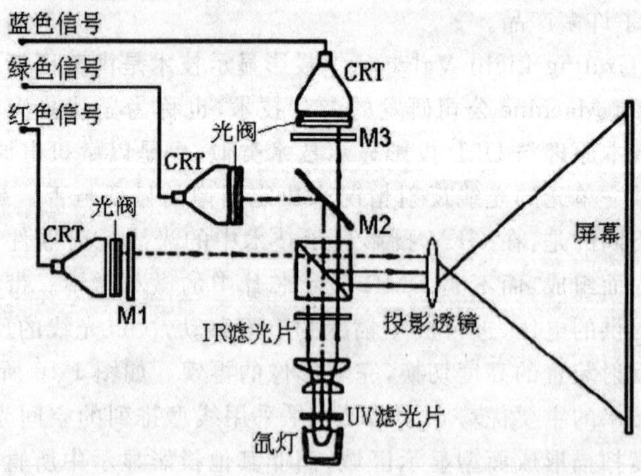

图 1-11　三片式液晶光阀投影显示结构示意图

§1.2 本书主要内容

传统的投影显示光学系统的尺寸结构都比较大，已经不能满足消费者对投影显示系统小型化[29,30]、移动化的要求。随着微显示芯片的发展和制作工艺的不断完善，基于微显示芯片的投影显示系统在分辨率、亮度、重量以及体积等方面都发生了潜移默化的改变，整体朝着系统小型化、移动化、长使用寿命方面改进，因此微投影显示系统是未来投影显示产业发展的重点。

在目前微投影显示系统所采用的三种投影显示技术中，DLP 投影显示技术的关键部分掌握在德克萨斯仪器公司手里，技术普及还需要一定的时间，而 TFT-LCD 显示芯片的投影性能发展一直没有取得很大的进展。在这种情况下采用具有高开口率、高分辨率、省电和低成本等诸多优点的 LCOS 显示芯片作为空间光调制器的微投影显示系统，无疑是未来投影市场的最具有潜力的竞争者。

结合以上两因素，本书以 LCOS 微投影显示照明系统为对象，以设计具有高系统光能利用率、照明均匀性和小系统体积的投影显示系统为目标，对投影显示照明系统进行研究和设计。其主要内容如下：以非成像光学为理论基础，将光学扩展量概念运用到投影显示照明系统设计中，并通过光学模拟软件仿真对反光碗、光棒、CPC 集光器以及 TIR 透镜等光学元件在投影显示照明系统的功能和效果进行模拟，以掌握这些光学元件的光学特性，为下一步对光学元件进行优化设计和改造打下基础；针对不同光源的发光特性和照明系统所要达到的照明要求，对已有的光学元件模型进行优化设计和改造，以进一步提高整体投影显示系统的性能；分别采用 UHP 和 LED 作为照明光源，将经过优化设计和改造的光学元件灵活运用构造不同照明系统，并将其与投影成像系统相结合，设计出不同的 LCOS 微投影显示系统方案，并对系统整体光线追迹结果，进行系统性能分析和对比，以验证所设计的光学元件是否有益于照明系统性能的提升。

参考文献

[1]（日）小林骏介，（日）内池平树. 大屏幕显示[M]. 北京：科学出版社，2003.

[2]叶明勤. 大屏幕显示技术的发展[J]. 世界广播电视，2003，17(2)：

71-73.

[3]王勇竞.微显示技术的进展[J].现代显示,2003(2):4-7.

[4]张爱华,张志强.投影机原理及应用[J].农业与技术,2004,24(5):183-184.

[5]艾曼灵.大屏幕投影显示发展动态及新体制新技术研究[D].杭州:浙江大学,2001.

[6]晏磊,孙道虎.数字投影技术数字成像技术进展(四)[J].影像技术,2002(2):1-5.

[7]Furuhashi T, Kawabe K, Hirakata J I, et al. Invited paper: high quality TFT-LCD system for moving picture[C]. SID Symposium Digest of Technical Papers. Oxford, UK: Blackwell Publishing Ltd, 2002, 33(1): 1284-1287.

[8]3LCD、LCOS、单/3 片式 DLP 成像原理及优缺点比较[DB/OL]. 2015. http://www.360doc.com/content/15/0326/01/256680_458082023.shtml.

[9]耿卫东,张永利,代永平,等.基于 LCOS 芯片的微型电视系统设计与实现[J].液晶与显示,2004,19(6):458-461.

[10]Bowron J W, Schmidt T C. New high-resolution reflective liquid crystal light valve projector: Electrohome DLV 1280[C]. Projection Displays Ⅳ. International Society for Optics and Photonics, 1998, 3296: 105-116.

[11]赵汉鼎,阎双耀.LCOS 液晶器件在投影机中的应用[J].半导体技术,2001,26(3):32-34.

[12]贺银波,熊静懿,吴国忠,等.LCOS 投影显示技术及应用[J].光学仪器,2002,24(2):38-47.

[13]Meuret Y, De Visschere P. Optical engines for high-performance liquid crystal on silicon projection systems[J]. Optical Engineering, 2003, 42(12):3551-3557.

[14]Dobler M. An improved framesequential color projector with modified CdSe-TFTs[J]. SID'91 Digest, 1991:427-429.

[15]Seime L, Hardeberg J Y. Colorimetric characterization of LCD and DLP projection displays[J]. Journal of the Society for Information Display, 2003, 11(2):349-358.

[16]Ford E H. Projection optical system for a scanned LED TV display[C]. Optical Scanning 2002. International Society for Optics and Pho-

tonics,2002,4773:111-123.

[17]邹静娴,吴荣治.数字微镜器件(DMD)[J].液晶与显示,2003,18(6):445-449.

[18]Ha F C,Huang J. A projection system composed of three pieces of DLP panels[J]. Proceedings of SPIE-The International Society for Optical Engineering,2005:88-96.

[19]张风勇.DLP投影技术(1)[J].显示器件技术,2005,2:5-10.

[20]代永平.微型显示器技术(二)[J].光电子技术,2005,25(4):271-275.

[21]Huang H C,Zhang B L,Kwok H S,et al. P-151:Color filter liquid-crystal-on-silicon microdisplays[C]. SID Symposium Digest of Technical Papers. Oxford,UK:Blackwell Publishing Ltd,2005,36(1):880-883.

[22]Robinson M G,Korah J,Sharp G,et al. 9.3:High contrast color splitting architecture using color polarization filters[C]. SID Symposium Digest of Technical Papers. Oxford,UK:Blackwell Publishing Ltd,2000,31(1):92-95.

[23]Sharp G D,Gilman S E,Johnson K M. Progress in field-sequential color shutter technology[C]. Projection Displays Ⅲ. International Society for Optics and Photonics,1997,3013:107-112.

[24]Sharp G D,Birge J R,Chen J,et al. 9.4:High throughput color switch for sequential color projection[C]. SID Symposium Digest of Technical Papers. Oxford,UK:Blackwell Publishing Ltd,2000,31(1):96-99.

[25]Shimizu J A. Single-panel reflective LCD projector[C]. Projection displays Ⅴ. International Society for Optics and Photonics,1999,3634:197-207.

[26]白木,周洁.发展中的数字投影技术[J].中国仪器仪表,2003(1):1-4.

[27]Bloom D M. Grating light valve:revolutionizing display technology[C]. Projection Displays Ⅲ. International Society for Optics and Photonics,1997,3013:165-172.

[28]Hornbeck,Larry J. From cathode rays to digital micro-mirrors:A history of electronic projection display technology[J]. TI Technical Journal,1998,15(3):7-46.

[29]Dash S. Market trends in the projection display industry[C]. Projection Displays Ⅶ. International Society for Optics and Photonics,2001,

4294:1-13.

[30]Slobodin D E,Biber C. Ultraportable projector progress and prospects[C]. Projection Displays 2000:Sixth in a Series. International Society for Optics and Photonics,2000,3954:19-27.

第 2 章　非成像光学在投影显示照明系统设计中的应用

成像光学的重点在于重现影像，它是把成像质量的好坏作为评价系统的主要标准，而非成像光学是从能量传递的角度去研究光学系统，两者之间研究重点不同。如图 2-1 所示，成像光学系统的物像空间存在着点对点的共轭关系，可以采用像差和光学传递函数等手段对系统进行评价和分析，而非成像光学系统的目的在于将某处光源辐射的能量转移到其他某一特定区域，所以特定区域中任意一点的照度，都是由光源上许多点发出的光能通过非成像光学系统重新分配后叠加形成的，其关注的是系统对于光能传递的效率。在成像光学系统中所采用的光学元件通常按序列型排列，当光线在通过成像系统时均按顺序逐一通过各个光学元件，而在非成像光学系统对光线进行追迹时，往往对光学元件采用复杂的非序列方式处理，如汽车前照灯的配光镜等。

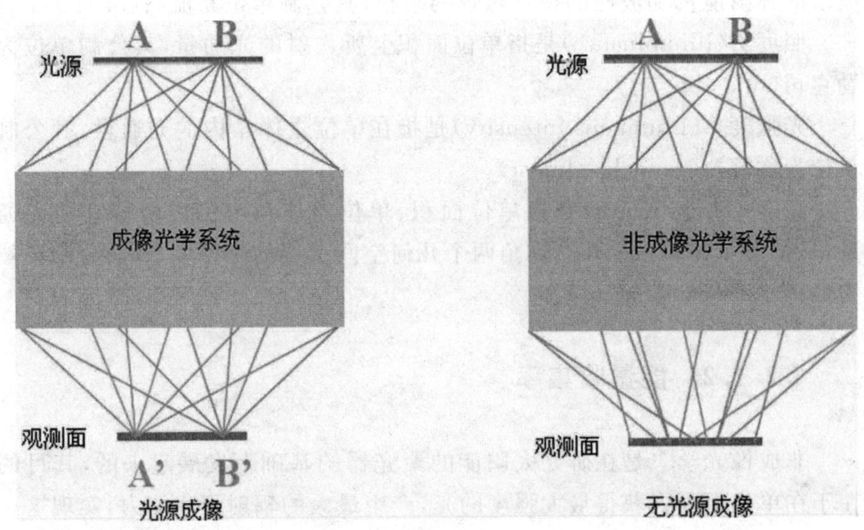

图 2-1　成像光学系统与非成像光学系统的比较

非成像光学理论起源于 20 世纪 60 年代中期，Hinterberger 和 Winston 在 1966 年发表的一篇提高太阳能收集效率的文献中首次提出“非成像光学”(Non-imaging Optics)一词。1967 年 Baranov 提出应用于太阳能收集系统中的复合抛物面集光器 CPC(Compound Parabolic Concentrator)设计,同年 Ploke 设计出一种应用于显微镜系统中替代传统聚光镜的三维 CPC,并经过以后一系列有关非成像光学的发展,逐步完善了现在的非成像光学理论[2-4]。

§2.1 非成像光学基本理论

§2.1.1 光度学基本参数

辐射度学与光度学[5]皆可用来描述光线在光学系统的能量传递过程,辐射度学的应用范围主要集中在能量功率的传递方面,以瓦特(W)为基本单位,而光度学在对可见光能量进行计算的同时,还考虑了生理学的影响,加入了人眼观察的视觉效应,它的基本参数是与光源辐射出的可见光能量有关的物理量。

光通量 ϕ(Flux)是指人眼所能感觉到的辐射能量,是单位时间内某一波段的辐射能量和波段的视见函数的乘积,其公制单位是流明(lm)。

照度 B(Illiuminance)是指单位面积上所入射的光通量,其公制单位为勒克司(lux=lm/m^2)。

光强度 L(Luminous intensity)是指在单位立体角内的光通量,其公制单位为坎德拉(candela=lm/sr)。

亮度 I(Luminance)是指单位面积、单位立体角范围内所得到的光通量,是光通量在面积上和立体角两个几何空间扩展的一种度量,其公制单位为尼特(nit=candela/m^2)。

§2.1.2 能量收集率

非成像光学[6]是在研究太阳能的聚光器的基础上发展起来的,其目的在于在单位面积上获得最大强度的光,产生最大的辐射聚集能力,实现这一目的往往需要将大面积上的入射光反射后,使其通过一块很小的面积以达到聚光目的。因此在非成像光学系统中所关注的是能量的集中度,即能量收集率,而不是成像质量。用非成像光学设计的集光器,不仅能够聚集光辐射能量,使光强度产生增益,而且相对于成像集光器具有更紧凑的结构。

假设聚光器模型[7]如图 2-2 所示，由一个具有平面入射孔（面积为 A'）和平面出射孔（面积为 A）的箱子代表，其中出射孔的面积 A 大到足够使所有经过光学系统的光线在特定的集光角度输出，此时聚光器的能量收集率 C 应为出射孔径和入射孔径面积之比，表示为：

$$C=\frac{\text{入射孔径面积}}{\text{出射孔径面积}}=\frac{A'}{A} \tag{2.1}$$

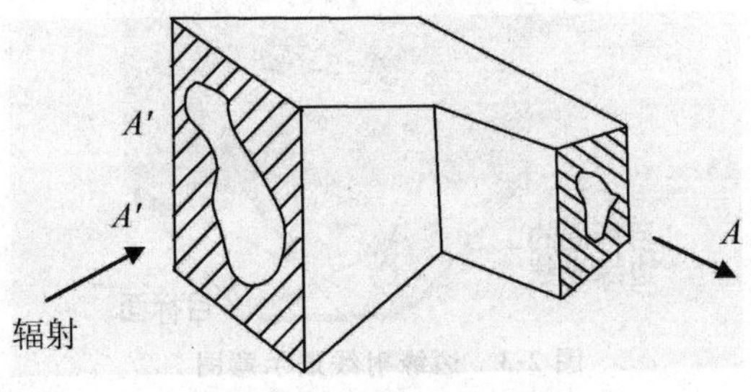

图 2-2　聚光器结构示意图

假设此系统无反射、折射能量损失，输入和输出介质的折射率均为 1，而输入辐射为一个无穷远的圆形光源，发光半角为 γ'，输出光的光线半角为 γ，则有：

$$A'\times\sin^2\gamma' = A\times\sin^2\gamma \tag{2.2}$$

比较式(2.1)和式(2.2)，能量收集率 C 可定义为：

$$C=\frac{A'}{A}=\frac{\sin^2\gamma}{\sin^2\gamma'} \tag{2.3}$$

根据式(2.3)，对于一定的输入面积和光束输入角，聚光器的能量收集率不会一直随着输出面积的减小而增大，而是有一定的上限。当光线以相对输出面法线为 $\pi/2$ 的角度内出射时，聚光器具有理论最大能量收集率 $C_{\max}$：

$$C_{\max}=\frac{A'}{A}=\frac{\sin^2\left(\frac{\pi}{2}\right)}{\sin^2\gamma'}=\frac{1}{\sin^2\gamma'} \tag{2.4}$$

§2.1.3　边缘光线法

边缘光线法[7]的基本原理是：对于以最大角度入射到聚光器内部的光线，在最多经过一次反射后被引导到聚光器出射口边缘后，依然是聚光器出射口处出射角度最大的光线。如图 2-3 所示，在最大入射张角内的所有光线必然也在聚光器出射口径以内。虽然目前所发展的非成像聚光器方案没有足够的自由度使所有边缘光线满足这一原理，但是以此原理设计的聚光器均具有较高的能量收集率。

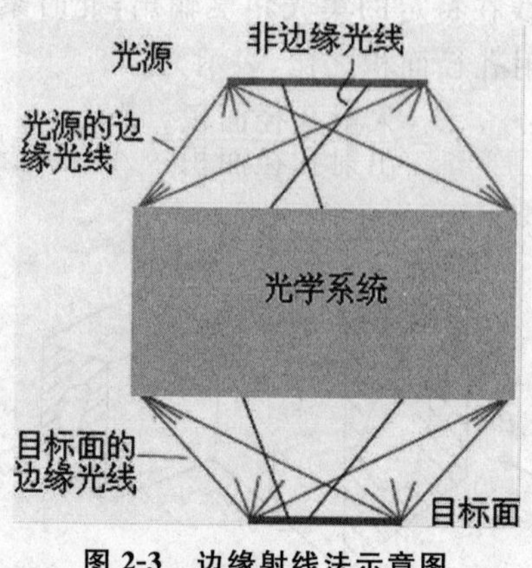

图 2-3 边缘射线法示意图

§2.1.4 光学扩展量

在非成像光学系统的光路设计过程中，需要截断光源的发射光，并将所发射光转换至目标处，在这一过程中往往采用光学扩展量作为光束与光学元件之间的匹配参量，来研究它们之间的关系及其对光能量在非成像光学系统传递过程中的影响。

如图 2-4 所示[8]，对于在空气中放置，假设具有均匀亮度 B 的朗伯体光源发出光通量 ϕ 为：

$$\phi = B\iint \cos\theta \mathrm{d}A\mathrm{d}\Omega \tag{2.5}$$

其中，A 是光源面积，θ 是 $\mathrm{d}A$ 的法线与主光线之间的夹角。将式(2.5)中的积分部分定义为光源的光学扩展量 E_s：

$$E_s = \iint \cos\theta \mathrm{d}A\mathrm{d}\Omega \tag{2.6}$$

考虑到光束通过光学系统时，在光源、被照明物体等某一特定位置都有一定的光束截面积和角度范围，所以统一将光学扩展量 E[9] 定义为：

$$E = n^2\iint \cos\theta \mathrm{d}A\mathrm{d}\Omega \tag{2.7}$$

其中，n 为光束通过介质的折射率，而光学扩展量的单位相应为($\mathrm{m^2\,sr}$)。对于光束截面积为 A 和数值孔径为 NA 的光束，其光学扩展量为：

$$E = \pi A(NA)^2 \tag{2.8}$$

在某一假设光学系统[10]中，如图 2-5 所示，A' 为较小的光源面积，以至于其上各点对于光学系统入瞳的立体角近似相同，光源所发出的光束经过光学系统后照射在面 A 上，系统两边折射率分别为 n'，n。

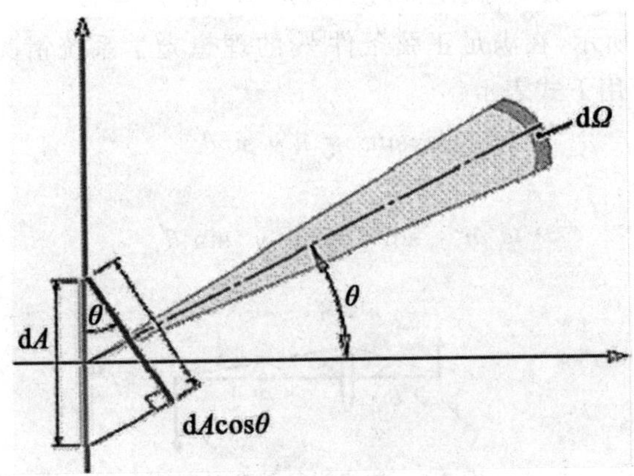

图 2-4　假设光源的示意图

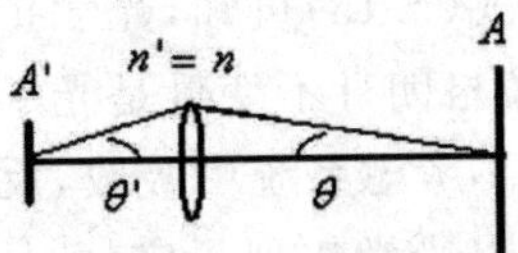

图 2-5　假设光学系统示意图

此时光源所发出的光通量 ϕ' 应为光源的光学扩展量 E' 和光源亮度 B' 的乘积：

$$\phi' = B'E' \tag{2.9}$$

其中光源的光学扩展量 E'：

$$\begin{aligned} E' &= n'^2 \iint \cos\theta' \mathrm{d}A' \mathrm{d}\Omega' \\ &= n'^2 \pi A' \sin^2\theta' \end{aligned} \tag{2.10}$$

其中，θ' 是 $\mathrm{d}A'$ 的法线与主光线的夹角。

光源发出的光束通过均匀介质、有限开口的光学系统入射到面 A 时，面 A 上光通量 ϕ 可由下式求出：

$$\phi = \tau\phi' = BE \tag{2.11}$$

式中，τ 是考虑了因光学系统的吸收或反射引起损失的透过率，E 和 B 分别是面 A 上的光学空间扩展量和亮度，其中 E 为：

$$E = n^2 \iint \cos\theta \mathrm{d}A \mathrm{d}\Omega = \pi n^2 A \sin^2\theta \tag{2.12}$$

其中，θ 是 $\mathrm{d}A$ 的法线与主光线的夹角。

比较式(2.10)、式(2.11)和式(2.12),当代表光学系统的吸收或反射引起损失的透过率 τ 为 1 时,亮度保持不变,可得到[9]:

$$E = \pi n^2 A \sin^2\theta = \pi n'^2 A' \sin^2\theta' = E' \tag{2.13}$$

如图 2-6 所示,在满足正弦条件[10]的理想光学系统情况下,系统拉格朗日不变量可用下式表示:

$$ny\sin\theta = n'y'\sin\theta' \tag{2.14}$$

进一步变形为:

$$n^2 y^2 \sin^2\theta = n'^2 y'^2 \sin^2\theta' \tag{2.15}$$

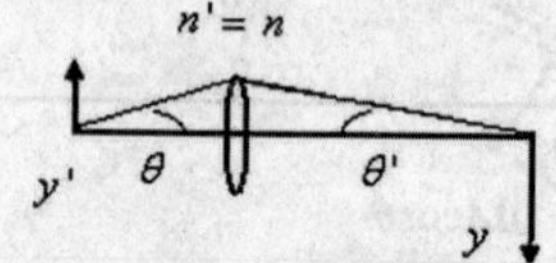

图 2-6　拉格朗日不变量理论

通过对比式(2.13)和式(2.15)可知,光学扩展量可以看作拉格朗日不变量在三维空间的扩展,拉格朗日不变量是光学扩展量在二维空间的特殊形式。光学扩展量只有在不考虑系统中吸收,反射等光能损耗的理想情况下,才可以作为不变量,所以光学扩展量守恒[11]也是能量守恒定律在理想光学系统的体现。

§2.2　投影显示照明系统设计基本理论

§2.2.1　照明方式

在投影显示中可采用不同的照明方式,总体分为两大类[12]:临界照明和柯勒照明。

临界照明的投影显示照明系统通常是把光源成像在投影物体上,如显示芯片、幻灯片等,其基本结构如图 2-7 所示。采用临界照明方式的优点在于整体结构简单,在投影物体视场范围内可获得最大的亮度,且没有杂光。缺点是光源亮度的不均匀性将直接反映在投影物体上,因此为了保证照明均匀性,要求发光体本身尽可能均匀发光,同时光源通过照明系统所成的像要大于被投影物体面积,因此这种照明方式多用于投影物体面积比较小的情形。

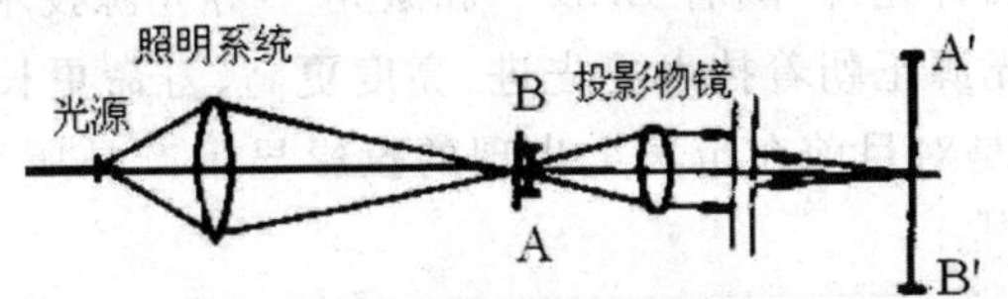

图 2-7　临界照明系统结构示意图

柯勒照明是一种均匀高效的照明方式，克服了临界照明中光源不均匀的缺点，基本结构如图 2-8 所示光源与投影透镜的入瞳在光学上是共轭关系，光源并不成像在投影物体上而是成像在投影物镜的入瞳上，是以光源为物点的中心孔位置照明物体。采用这种照明方式，发光体局部的亮度斑点不反映在投影物体上，可以使其获得均匀照明，多用于大面积的投影显示系统中。

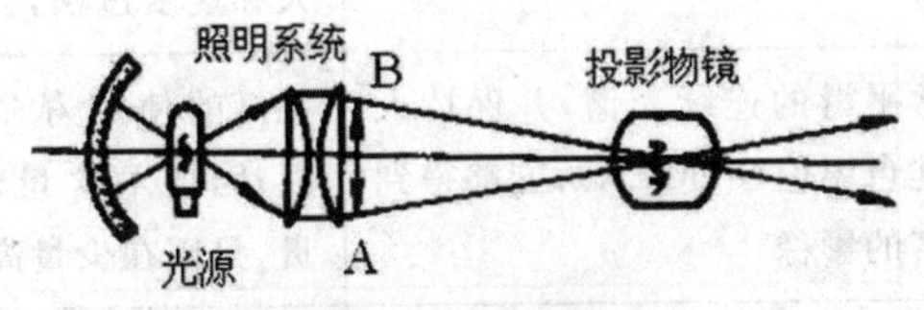

图 2-8　柯勒照明系统结构示意图

§2.2.2　投影显示照明系统的构成要素

从总体上而言，典型的投影显示照明系统主要由光源，空间光调制器以及将两者完善地连接起来的光学系统三部分构成。在对投影显示照明系统设计中，要求产生图像的空间光调制器能够获得均匀、高效的照明，并在图像最终投影到屏幕时，仍保持一定均匀性和高效率。本节主要介绍几种在投影显示照明系统中经常采用的光源和关键光学元件。

2.2.2.1　*光源*

在投影显示照明系统中，光源是决定图像亮度和画质的关键性部件，目前普遍采用以下四种光源：利用电致发光方法的超高压汞灯 UHP(Ultra High Performance)，金属卤化物灯 UHE(Ultra High Efficiency)，氙灯和利用热发光方法的卤素灯。其中 UHP 光源是由荷兰飞利浦公司于 1995 年开发成功，是目前小型及通用投影显示照明系统中的主流光源，氙灯是应用于大输出的大型投影仪，金属卤化物灯和卤素灯是液晶投影显示照明系统开发初期的主流光源，现在主要作为廉价液晶投影仪的照明光源[13]。

除了以上四种光源，随着 LED[14] 和激光[15] 等光源技术的发展，投影显示照明系统的光源正朝着技术更先进、亮度更高、寿命更长、成本更低的方向发展，表 2-1 是对目前在市场上出现的投影显示产品所采用的几种光源的性能对比[16-18]。

表 2-1　投影显示中照明系统的各种光源性能对比

灯型	优点	缺点
UHP	亮度高，寿命长达 6 000 小时以上，发热量较小，能有效抑制闪烁现象，是目前综合性能最佳的投影光源	作为传统光源，UHP 在短波长区段发射强度较高，在波长较长的红色段强度较低，需要使用滤色镜进行颜色补偿
UHE	色温高、光效率高达 80～90 lm/W，价格便宜	启动后亮度逐渐增加，启动能量过大和速度过快，会影响灯寿命
氙灯	产生非常平滑的连续光谱，并保持人眼的最佳色温值（6 500 K），能够得到色彩丰富的影像	氙灯的使用寿命比 UHP 和 UHE 短；因技术含量较高、价格也比较贵，只用在少量高端产品中
卤素灯	不需要复杂的电路，是小型轻量的光源	光电转换效率低，散热量大，不宜做长时间投影使用
LED	发热量少，体积小，重量轻，寿命长（2～10 万小时）、成本低，耗电量低，可频繁开关	亮度有待进一步提高
激光	单色性非常好，可以得到色彩范围很宽的图像，有利于制造具有很强便携性的掌上投影机型	目前仅处于试制产品阶段

不同设计目的对光源的尺寸、发光特性、色温等都会有不同的要求，因此必须有针对性地选择光源。

2.2.2.2　聚光器

在图 2-9 的光学系统中，将光源放置在抛物反光碗的焦点处，并将反光碗开口区域设置为等间隔，此时各个区域获得的光通量，是由反射面上以光源为中心投影的角度决定[13]。由图中可以看到即使光束在任何方向都有相同光强度，在反射器的射出口处上光的照度仍然分布不均匀，如区域 A 和 C 对应的角度分别是 θ_A 及 θ_C，因 $\theta_A<\theta_C$ 则在 C 区域就有更多的光通量

通过，对于反射器的射出开口面，越是偏离光轴的区域，光通量就越少。在实际投影显示照明系统中，常常根据光源的发光特性和尺寸，采用不同的聚光器用于调整照明光束的数值孔径和形状，以实现将光源所发出的光以高效率、均匀照射在被照明物体上的目的。在投影显示照明系统中常采用以下两种方式的聚光器：透镜阵列方式和光棒方式。

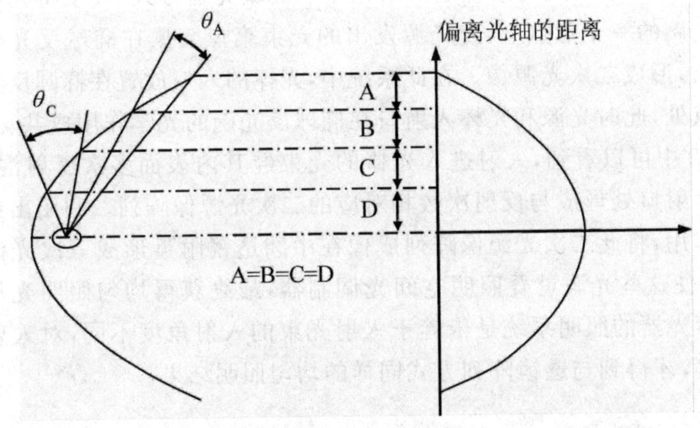

图 2-9 照度不均匀性说明

在图 2-10 所示的采用透镜阵列方式聚光器[19]的照明系统中，共使用了两组透镜阵列，靠近光源一侧的叫第一透镜阵列，它的长宽比须与被照明的空间光调制器的长宽比相匹配，而且是由一个个光轴相互平行的单元透镜组成，每个透镜单元将光源成像到靠近空间光调制器的第二透镜阵列上相应的透镜单元中心，形成一个具有同样数量的虚拟光源的阵列。其中第一透镜矩阵的作用是将光源出射光束切割成许多子光束，而第二透镜矩阵

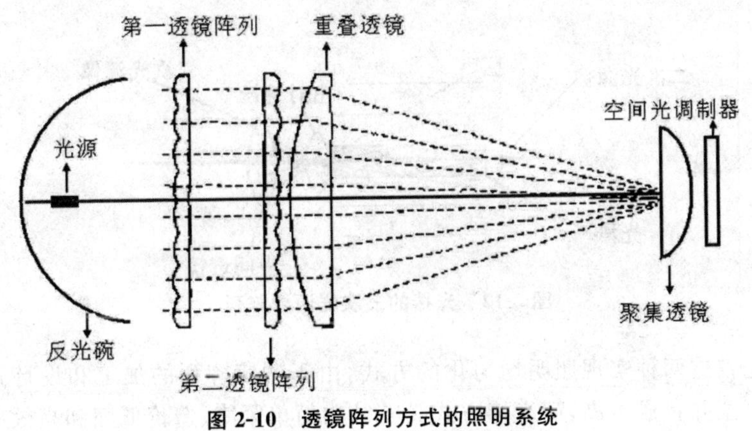

图 2-10 透镜阵列方式的照明系统

透镜单元的光学作用是将第一透镜矩阵的相应透镜单元成像到空间光调制器上，使两者之间在光学上处于共轭关系，重叠透镜则使各透镜单元中心与光阀中心一致。光源所发出的光束经过切割重叠后，在空间光调制器上就会获得均匀的照明光场[20]。为了使系统正确工作，不仅每个阵列的透镜单元焦距必须相等，而且两个透镜阵列的距离也必须等于焦距。

图 2-11 所示的照明系统是采用光棒[21,22]聚光器方式，其中将光源置于椭球反光碗的一个焦点上，使光源发出的光束聚焦会聚在椭球反光碗的另一个焦点，形成二次光源像。在此系统中，光棒的入口放置在椭圆反光碗的第二焦点处，此时光源和光棒入射口在椭球反光碗的光学作用成共轭关系。在图 2-12 中可以看到，入射进入光棒的光束经其内表面多次反射混光后，在光棒入射口处形成与反射次数相对应的二次光源像阵列。利用出射透镜的光学作用，将此二次光源像阵列成像在中间透镜附近形成三次光源像阵列[13]，并使这些光源重叠照明空间光调制器，最终获得均匀照明光场。采用光棒聚光器的照明系统是依赖于入射光束的入射角度不同，对入射光束进行分割，才得到与透镜阵列方式同样的均匀照明结果。

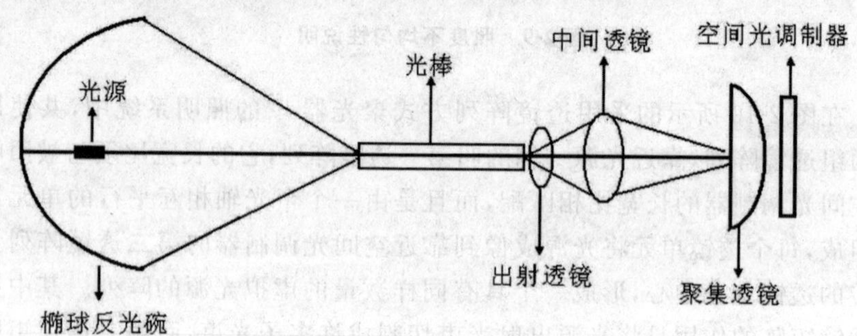

图 2-11　光棒方式的照明系统

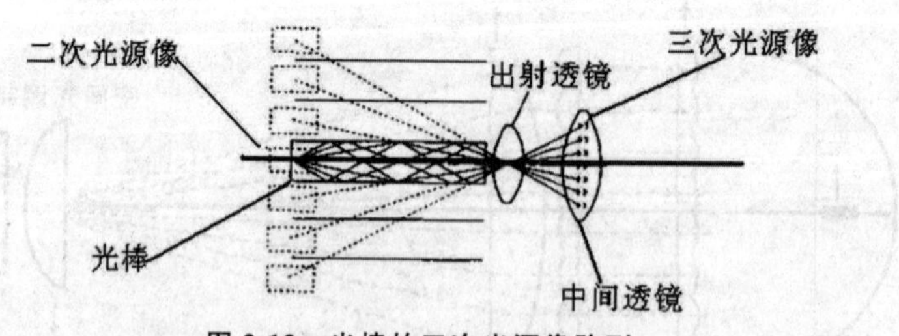

图 2-12　光棒的三次光源像阵列

比较这两种实现照明均匀化的方式，由于透镜阵列的加工和设计过程过于复杂并且成本高，而光棒方式具有结构简单紧凑、造价低廉和高效率的特点，所以在投影显示照明系统设计中，常采用光棒聚光器方式来实现均匀化照明。

2.2.2.3　偏振光转换系统

液晶是一种介于固态和液态之间的物质，是具有规则性分子排列的有机化合物，在外加电场的作用下分子排列方向发生变化，产生双折射等效应。在液晶投影显示系统中，当照明光入射到液晶显示芯片上时，只有特定方向的偏振光才能被利用。由于在投影显示系统中经常采用的 UHP 光源和金属卤化物灯等光源发出的光均为自然光，所以即使光源发出的光都照射到液晶显示芯片上，也最多只能利用其中的一半。为提高光能的利用率，往往需要在系统中加入偏振光转换系统 PCS[23]（Polarization Converter System），以将自然光高效转化为具有同一偏振态的偏振光。

最为常见的偏振光转换系统是由偏振光束分离器 PBS（Polarization Beam Splitter）构成。如图 2-13 所示，非偏振光在光学玻璃介质中，入射到由满足布儒斯特条件的高折射率透明介质薄膜和低折射率介质薄膜构成的偏振分光膜界面上，则 P 偏振光将以高透射率通过，并在外侧反射镜作用下通过 1/2 波长片变成 S 偏振光，而偏振分光膜分离的 S 偏振光则高效反射，结果光源发出的光全部变为同一方向的偏振光。

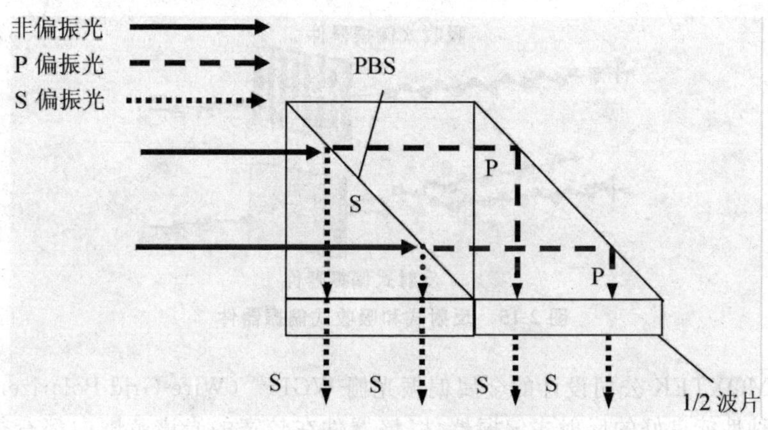

图 2-13　偏振光转换系统结构图

图 2-14 是两种以 PBS 为单元构成的偏振光转换系统[24,25]，图(a)中用 PBS 把光分成两束直线偏振光后，经过组合棱镜向一边偏转，使得 P 偏振光和 S 偏振光转换为同一偏振态，图(b)是在体积和重量增加的基础上，运用位相差板进行偏振光转换。虽然以上这两种结构都能完成偏振光转换的目的，为进一步提高整体系统光能利用率打下基础，但同时也增大了输出光

线的发散角和横截面,为后续光学系统设计产生了负担,不利于减小系统体积和重量。

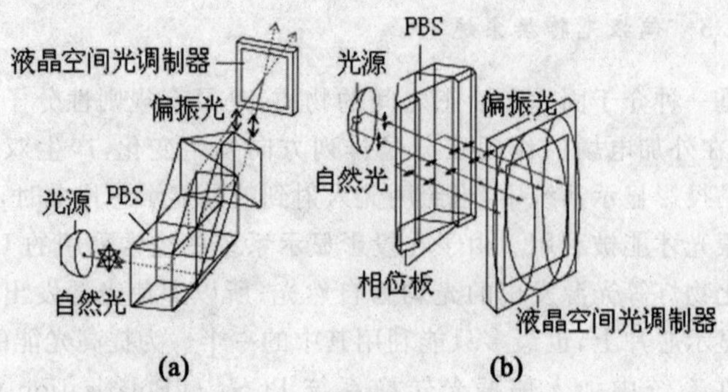

图 2-14 两种偏振光转换光学系统结构示意图

除了以上方式,还可以采用如图 2-15 所示反射式偏振器件与其他光束收集器相联合的方式。美国 3M 公司生产的 DBEF[9] (Dual Brightness Enhancement Film)偏光片是一种反射式偏振器件,其利用多层膜技术在某偏振光方向上具有穿透性,另一偏振光方向则有反射性,通过将原本会被吸收的偏振光反射回去,被其他光束收集器件反射后再利用,以达到提高光能利用率的目的。

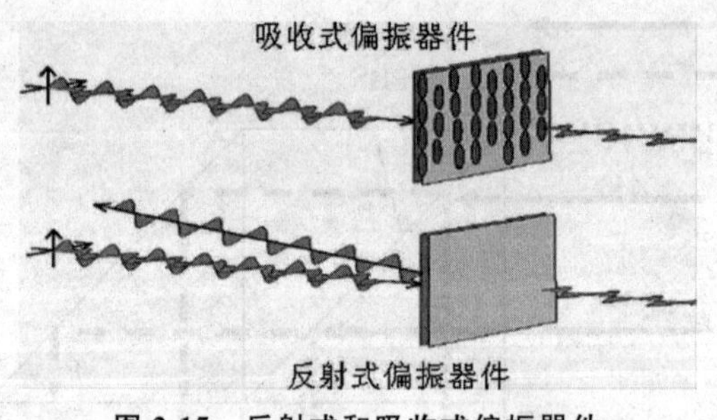

图 2-15 反射式和吸收式偏振器件

MOXTEK 公司设计的金属偏振光栅 WGP[26] (Wire-Grid Polarizer)也是一种性能良好的反射式偏振器件,该器件在较宽的光谱范围内都有很高的偏振。如图 2-16 所示,WGP 基本工作原理是:当光入射到线宽小于波长的金属光栅时,光的两个互相垂直的极化方向会有不一样的路径,其中当入射光的偏振方向与光栅方向平行时,金属线条中的电子受到激发而产生电流,并使得该方向的极化光反射回入射光一侧。然而当入射光的偏振方向垂直于光栅方向时,因为该方向上有空气间隙将金属线隔离,无法产生任何电流,则此部分光波以穿透方式通过金属偏振光栅;结果使得这种线宽小于波长的金属光栅具有与传统的偏振光分离器类似的功能。

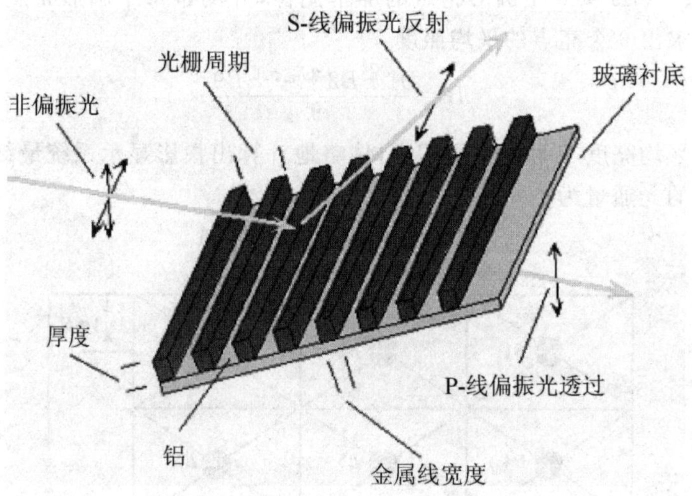

图 2-16　金属偏振光栅 WGP 结构示意图

在液晶投影显示系统中,金属偏振光栅是一项有潜力的技术,不仅可以避免元件吸收而产生的高热效应对系统寿命的负面影响,还可以将反射的光加以回转变成所需要的偏振光,大幅提高整体系统的光能利用率。除此之外,金属偏振光栅对入射光的角度不敏感,可以提供较高的偏振鉴别率,这有利于提高系统的投影效果的对比度,但是在将金属偏振光栅广泛推展到液晶投影显示产品的过程中,仍需解决元件成本高的问题。

§2.2.3　投影显示系统的技术指标

目前投影显示系统设计正朝着智能化、简便化、家庭消费这三个方向发展,为了对所设计的投影显示系统进行评价,都会采用以下几个主要指标作为评价标准。

2.2.3.1　屏幕上的亮度

投影显示系统在屏幕上显示图像时,最基本的要求是保证所显示图像的亮度,它的强弱直接关系到观看者是否能清晰辨认屏幕上图像的细节[27]。这里所指屏幕上的"亮度"并非 2.1.1 节光度学中的亮度参数,而是指投影显示系统在屏幕上总的输出光通量。选它作为首要技术指标是因为屏幕上总光通量不会受到屏幕反射、投影画面的大小、投影环境明暗等外界因素影响,能较真实、科学地反映投影显示系统水平。

屏幕上的亮度测量方法通常采用在全黑暗室内播放，如图 2-17 具有 $B1$、$B2$、…、$B9$ 共 9 个圆形亮点的屏幕图像，并测量每个圆形亮点的照度，用下式求出 9 个亮点的平均照度：

$$B=\frac{B1+B2+\cdots+B9}{9} \tag{2.16}$$

再根据平均亮度 B 和屏幕面积 A，估略地计算出投影显示系统最终输出到屏幕上的光通量为：

$$\text{屏幕上的光通量}=B\times A \tag{2.17}$$

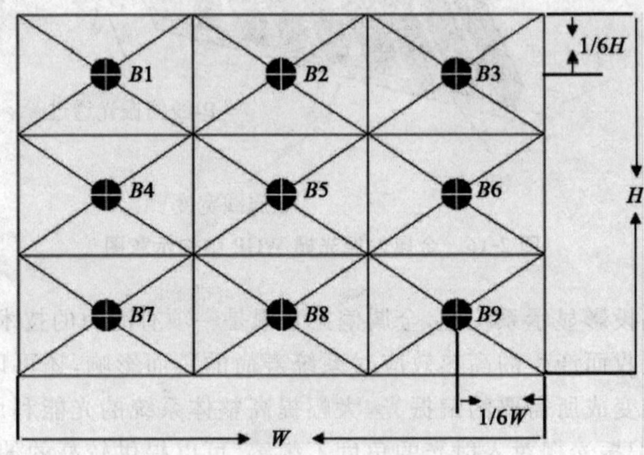

图 2-17　屏幕上的亮度测量方法

2.2.3.2　均匀度

均匀度是评价投影显示系统的另一个重要技术指标，是指屏幕上最亮和最暗圆点的照度与平均照度的百分比值，其主要受到光源本身的光亮度分布、投影成像系统，以及光学系统内部吸收、反射、偏光等现象的影响。测量均匀度方法通常采用如图 2-18 所示 13 点测量方法[28]，在光输出面上测量 $B1$、$B2$、…、$B13$ 这 13 个点的照度后，将 $B1$、$B2$、…、$B13$ 中的最小照度与 $B1$、$B2$、…、$B9$ 的照度平均值之比得到的百分数作为均匀度值，即：

$$\text{均匀度}=\frac{\text{最小照度}(B1\cdots B13)}{\text{平均照度}(B1\cdots B9)}\times 100\% \tag{2.18}$$

均匀度反映了边缘照度与中心照度的差异，理想情况下的均匀度是 100%，画面的照度一致性好，而在实际投影显示系统中，投射到屏幕上的画面都会出现画面的中央区域亮，边缘部分暗，画面看起来明亮不一的情况。现在的投影机的画面均匀度一般都在 85%以上，有些出色的投影机可以达到 95%以上。

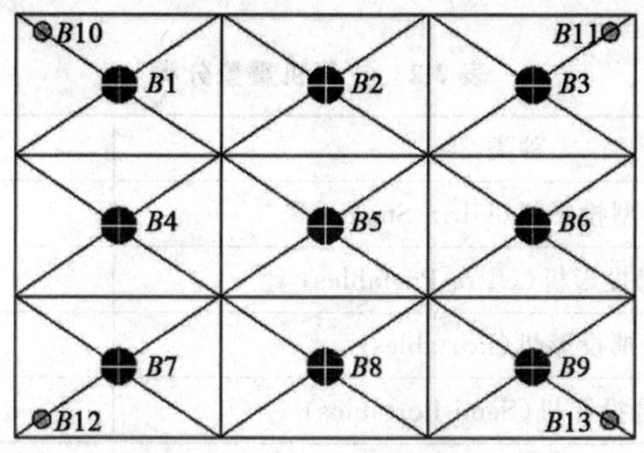

图 2-18　均匀度测量方法

2.2.3.3　对比度

对比度对视觉效果的影响仅次于亮度指标[29]，它是指在相同测量条件下，显示同一画面时，最亮画面区域与最暗画面区域之间的输出光通量之比，可以用峰值对比度来测量，即：

$$峰值对比度=\frac{画面全亮输出光通量}{画面全暗输出光通量} \tag{2.19}$$

通常对比度越大，图像越清晰，画面的层次感和细节越好。由于对比度与投影环境明暗直接相关，所以在测量对比度时应在全黑的暗室中进行。

2.2.3.4　分辨率

分辨率[30]就是显示画面细节的能力，高分辨率系统可显示画面丰富的细节，而低分辨率使画面细节丢失，缺乏完美效果。投影显示系统分辨率是指屏幕图形显示的水平与垂直方向像素数量的乘积，一般取决于所使用的空间光调制器的技术规格。在投影显示系统设计中，在取得相同分辨率情况下，选用更小尺寸的显示芯片，有利于减小投影显示系统的整体体积。

2.2.3.5　重量和便携性

设计重量轻和体积小的投影显示系统，是目前整个投影显示行业的主要趋势。在达到一定投影性能要求的前提下，实现投影显示系统小重量、易便携的目的，这对系统整体设计要求很高。

目前，随着投影显示系统的便携特性越来越重要，生产厂家在重量指标上加大了开发力度，已经有 1.3 kg[29]重的投影显示系统问世。未来在微显示芯片和光源等相关技术的支持下，便携式投影机必然会在投影显示市场中占据较大的份额。表 2-2 所示为目前国际上流行的重量分类方法[31]。

表 2-2 投影机重量分类

种类	重量/kg
超小型投影机(Ultra-Small)	<3
超便携投影机(Ultra-Portables)	3～4.5
便携投影机(Portables)	4.5～6.8
准便携投影机(Semi-Portables)	6.8～11

§2.3 非成像光学在投影显示照明系统设计中的应用

1996 年 Matthew S. Brennesholtz 首先将非成像光学中的光学扩展量概念引入液晶投影显示照明系统的分析中，对带反光碗光源的光能收集效率作了研究，并把光学扩展量作为评估光能收集效率的重要参数，将光源发光体近似为圆柱形朗伯体，针对不同大小的液晶板，测量了液晶板上光能分布与光学扩展量的关系曲线[32]。此后，David Armitage 等人也作了进一步的研究[33]，将光学扩展量作为光源与照明系统的匹配参量，对系统的光能效率进行了分析并取得了实验结果。

在任何非理想光学系统中，作为表征着光束的扩散程度[30]或光学元件所能接受的光束扩散程度的参数，光学扩展量在系统中只能增加或不变，将其引入到投影显示系统设计领域，分析光源、空间光调制器，以及系统中不同光学元件之间的匹配情况，有利于提高整体系统的光能利用率。当光束的光学扩展量比所要通过光学元件的光学扩展量大时，光束将损失部分能量；当光束的光学扩展量比所要通过光学元件的光学扩展量小时，光束虽然可以无障碍通过，但部分光学元件被浪费，不利于降低产品成本和体积。

以下简单分析了光源和空间光调制器的光学扩展量[13]，以及两者之间的关系。根据光学扩展量定义，对于假定完全扩散面光源的光学扩展量 E_s 为：

$$E_s = A_s\Omega_s \tag{2.20}$$

其中，A_s 为光源发光有效面积，Ω_s 为光源发射光束立体角。

对于空间光调制器，假定其有效工作面积为 S_v，以及从空间光调制器上看照明系统射出孔有限立体角为 Ω_v，则空间光调制器的光学扩展量 E_v[34]应为：

$$E_v = A_v \Omega_v = \frac{\pi A_v}{4(F/\#)^2} \tag{2.21}$$

其中，$F/\#$ 由投影显示系统中投影成像系统确定。

整个投影显示系统结合效率 η_{eff} 应为：

$$\eta_{eff} = \frac{E_v}{E_s} = \frac{\pi A_v}{4(F/\#)^2 A_s \Omega_s} \tag{2.22}$$

即空间光调制器的光学扩展量与光源的光学扩展量之比。

为了使整个投影显示系统的结合效率最大，在投影显示系统设计中，应尽量采用发光面积小、光效高的光源，投影成像系统中空间光调制器开口的 $F/\#$ 也尽可能小，并为了使光束能顺利地通过每一个光学元件，各光学元件的光学扩展量值应沿着光束的流向逐渐变大。

§2.4 小结

整个投影显示照明系统设计的基本流程如图 2-19 所示，应根据所要设计投影产品适用领域确定照明要求，并以充分利用光源的光能为目的，在考虑设计和制造中的影响因素的基础上，合理选用光源和光学元件，实现最终

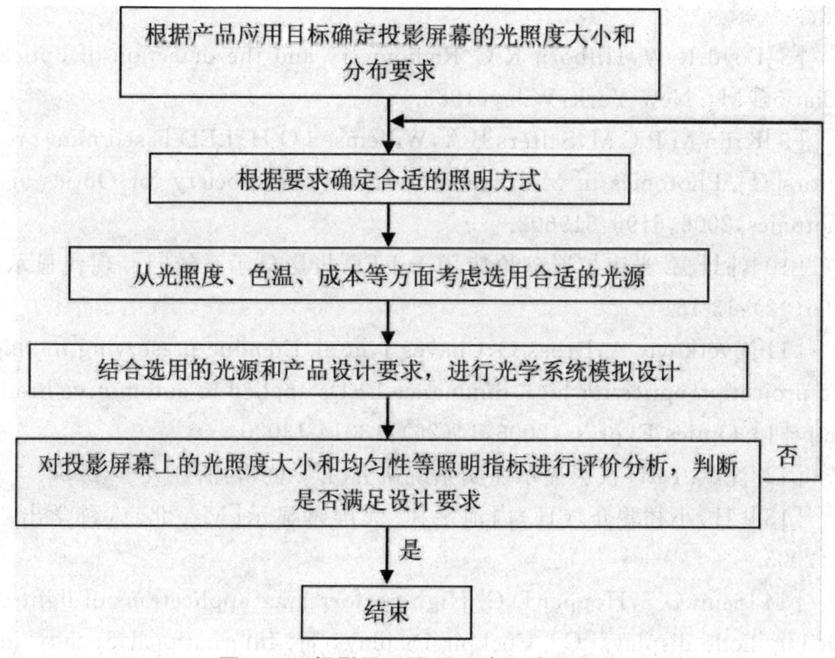

图 2-19 投影显示照明系统设计流程图

产品设计目标。尤其是针对微显示芯片的微投影显示系统设计时，考虑到微显示芯片的光学扩展量较小，更要合理地设计照明系统，以缓解微显示芯片对于照明光束的光学扩展量的限制。

参考文献

[1]黄一帆.照明光学系统即汽车前照灯的研究[D].北京:北京理工大学,2002.

[2]Welford W T. High collection nonimaging optics[M]. Elsevier, 2012.

[3]Bassett I M, Welford W T, Winston R. Ⅲ Nonimaging optics for flux concentration[M]. Progress in Optics. Elsevier, 1989, 27:161-226.

[4] Winston R. Nonimaging optics [J]. Scientific American, 1991, 264(3):76-81

[5]Waynant R W, Ediger M N. Electro-optics handbook[M]. New York:McGraw-Hill,2000.

[6]薛国良.非成像光学系统及其应用[J].物理通报,1995,4:1-2.

[7]威尔福德,维恩斯顿.非成像聚光器光学[M].北京:科学出版社,1987.

[8]Boyd R W, Hilborn R C. Radiometry and the detection of optical radiation[M]. New York:Wiley,1983.

[9]Krijn M P C M, Salters B A, Willemsen O H. LED-based mini-projectors[C]. Photonics in Multimedia. International Society for Optics and Photonics,2006,6196:619602.

[10]韩景福.光束扩展理论应用于 LED 投影显示系统[J].现代显示,2006(12):13-16.

[11]Cvetkovic A, Dross O, Chaves J, et al. Etendue-preserving mixing and projection optics for high-luminance LEDs applied to automotive headlamps[J]. Optics Express,2006,14(26):13014-13020.

[12]沈默.LED 投影显示照明系统研究[D].杭州:浙江大学,2006.

[13](日)小林骏介,(日)内池平树.大屏幕显示[M].北京:科学出版社,2003.

[14]Saini G S, Hopper D G. High-performance applications of light-emitting diode displays[C]. Cockpit Displays Ⅲ. International Society for Optics and Photonics,1996,2734:175-187.

[15]白木,周洁.发展中的数字投影技术[J].中国仪器仪表,2003(1):1-4.

[16] H. S. Edward, S. B. Matthew. Projection displays [M]. New York:Wiley,1999.

[17]Cheng D Y,Konings V J. Cost,brightness,and lifespan trade-offs of light sources for small format display systems[C]. Projection Displays Ⅲ. International Society for Optics and Photonics,1997,3013:80-87.

[18]Derra G,Moench H,Fischer E,et al. UHP lamp systems for projection applications [J]. Journal of Physics D: Applied Physics, 2005, 38(17):2995-3010.

[19]Crowther B G,Koch D G,Kunick J M,et al. A fly's eye condenser system for uniform illumination[C]. International Optical Design Conference 2002. International Society for Optics and Photonics,2002,4832:302-311.

[20]Deng X,Liang X,Chen Z,et al. Uniform illumination of large targets using a lens array[J]. Applied optics,1986,25(3):377-381.

[21]王蔚生,窦晓鸣,黄维实.液晶投影机光棒照明系统的分析与设计[J].光学仪器,2004,26(4):36-40.

[22]Jacobson B A,Gengelbach R D,Stewart C N,et al. Metal halide lighting systems and optics for high-efficiency compact LCD projectors [C]. Projection Displays Ⅳ. International Society for Optics and Photonics,1998,3296:38-46.

[23]Lackner A M,Margerum J D,Miller L J,et al. Photostable tilted-perpendicular alignment of liquid crystals for light valves[J]. Proceedings of the society for information display,1990,31(4):321-326.

[24]Imai M, Sakamoto M, Kubota K, et al. High-brightness liquid-crystal light-valve projector using a new polarization converter[C]. Large-Screen and Projection Displays Ⅱ. International Society for Optics and Photonics,1990,1255:52-59.

[25]Imai M. A novel polarization converter for high-brightness liquid crystal light valve projector[C]. Conference Proceedings of the 13th International Display Research Conference(Eurodisplay'93). 1993:257-260.

[26]于兴杰,郭海成. WGP偏振片在投影显示中的应用研究[J].液晶与显示,2004,19(4):253-258.

[27]许煜.屏幕图像光度检测系统研究[D].杭州:浙江大学,2010.

[28]Electronic Projection—Fixed Resolution Projectors[S]. ANSI/NAPM I T 7.228-1997.

[29]移动商务投影新贵 优派 PJ260D 投影机[J]. 数字世界,2008(2):56-56.

[30]王勇竞. 微显示技术的进展[J]. 现代显示,2003(2):4-7.

[31]投影机重量分类[DB/OL]. 2007. http://www.microtek.com.cn/happystudy.

[32]Brennesholtz M S. Light collection efficiency for light valve projection systems[C]. Projection Displays Ⅱ. International Society for Optics and Photonics, 1996, 2650: 71-80. _nf80b0ef4e0ff245e39c7c6d6d1ae30414.

[33]Anderson D J. Uniform color illumination for scrolling color LCoS projection[C]. Projection Displays Ⅷ. International Society for Optics and Photonics, 2002, 4657: 46-54.

[34]Lin J S, Hsu H C, Chang M W, et al. RGB LED illuminator for LCOS panel display[C]. Nonimaging Optics and Efficient Illumination Systems Ⅱ. International Society for Optics and Photonics, 2005, 5942.

第 3 章　照明系统中光源和光学元件的模拟分析

投影显示照明系统是围绕着提高系统光能利用率、改善投影图像质量和减小系统体积为核心进行设计的，本章主要是对在投影显示照明系统中经常使用的普通光源的发光特性，以及几种涉及到光源光束收集、整形、方向折返等功能的光学元件进行模拟分析，其中包括反光碗、回复反射器、锥形光棒 TLP（Tapered Light Pipe）、复合抛物面集光器 CPC（Compound Parabolic Concentrator）以及 TIR（Total Internal Reflection）透镜，并在此基础上对部分光学元件进行优化和改造，为后续投影显示照明系统整体设计做准备。

§3.1　光学模拟软件简介

在当今计算机技术高度发展的时代，光学产品在最终进入投产之前往往是通过各种不同的光学设计软件进行光学设计，以期得到合理的实际效果。目前有多种软件应用于光学设计，其中用于非成像光学系统设计的软件主要包括 Light Tools、Tracepro、ASAP 等，本书选用 Tracepro 模拟软件用于仿真模拟。

TracePro[1]是由 Lambda Research 公司开发的一套光学设计软件，可用作传统光学分析、照明系统分析、辐射度以及光强度分析，是以 ACIS 固体模型标准为基础的光学软件，不仅可以直接进行 3D 绘图建模，还可兼容 Proe、Zemax 以及 Code V 等光学软件的模型文件。如图 3-1 所示，TracePro 作为一种仿真效果好、模拟功能强大和兼容性比较高的软件，提供一种对观察模型容易使用的画图界面，把实体对象加入并应用材料属性、表面属性和光源特性，最常用于照明系统设计或杂散光分析。软件允许将引入的 3D 模型进行设置，不仅可实现在物件或表面相交处无额外能量损失，也可实现在每条个体光线在模型中都遵从吸收、反射、折射、衍射和散射定律，从而跟踪和计算每条光线在实体中沿不同路径传播时光的吸收、镜面反射及折射、衍射和散射能量。通常运用 TraccPro 光学设计软件的基本流程为：

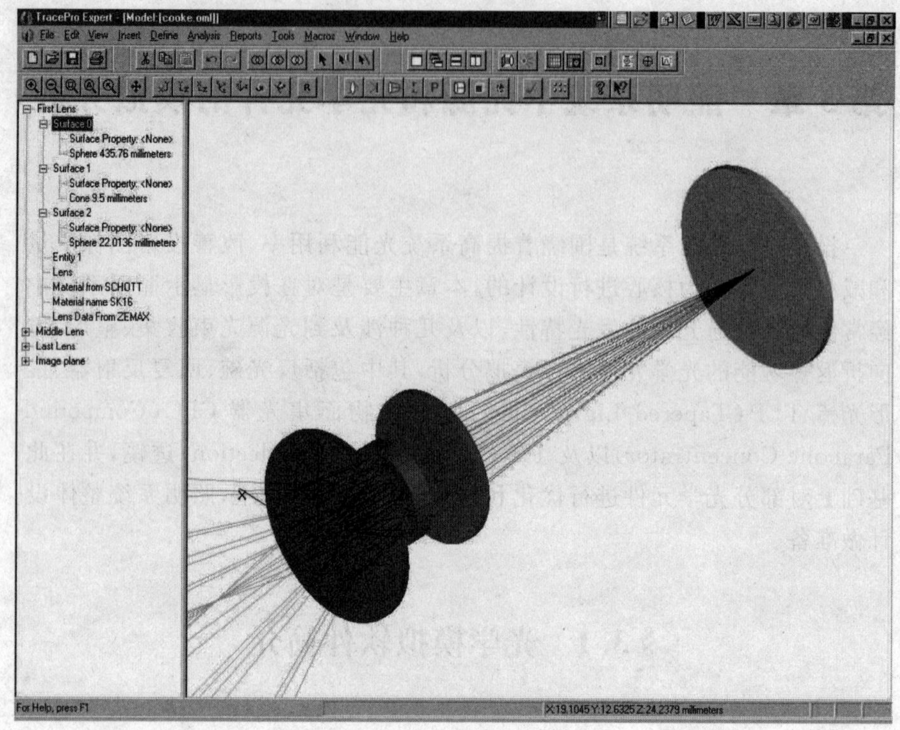

图 3-1　TracePro 软件界面

1)通过使用虚拟物体建立计算机模型的技术,在 TracePro 中创建一个实体几何模型,以表征所设计和所需分析的系统。设计者所建立的任何实体都会被当作是一个模型,在模型中的每个几何个体被称为物体。TracePro 拥有许多方法来建模和对模型进行修改操作,例如可以用 CAD 软件或从镜头设计程序导入 TracePro 建立实体模型,也可如图 3-2 所示,通过软件自身来定义初始物体,建立块、柱、锥、球面等形状模型,并可对两个或更多的物体通过布尔运算(相交,相减,联合)建立复杂模型,或通过表面平扫和旋转命令对模型进行修改。实体建模正广泛地为机械设计者所应用,如有限元分析程序和机械计算机辅助设计中,用 TracePro 建立实体模型的目的在于:通过虚拟材料模块在计算机中构造实体模型,从而模拟实践过程中以真实材料建立硬件的过程,帮助设计者确定实体和模型之间的连贯性和对应性,避免许多建模的错误。

2)对整体模型中物体所具备的相关材料和表面属性进行定义,例如反射、折射、吸收或散射的特征。设计者可以使用 TracePro 属性库中默认定义的材料和表面属性,也可以根据真实材料的实际测量数据对其属性制定新的定义，来满足设计者真实模拟具体要求。在如图 3-3 所示的材料属性编辑器中，设计者可根据属性数据库中预定义的材料种类和属性，直接从中获得默认用户和厂商的材料类别数据并进行选择，或者使用材料属性编辑器对特定材料的名称、插值类型、说明、温度和波长进行修改，个别材料除外。图 3-4 是表面属性编辑器，可完成多个波长、温度和入射角所对应的数据的编辑，以用于定义一个表面的吸收、双向反射和透射分布、镜面反射和透射等，并以名称标识存储于数据库。除以上两种常用属性定义编辑器以外，还可对双折射、体散射、渐变折射率薄膜堆层、细小重复结构属性进行定义和编辑。

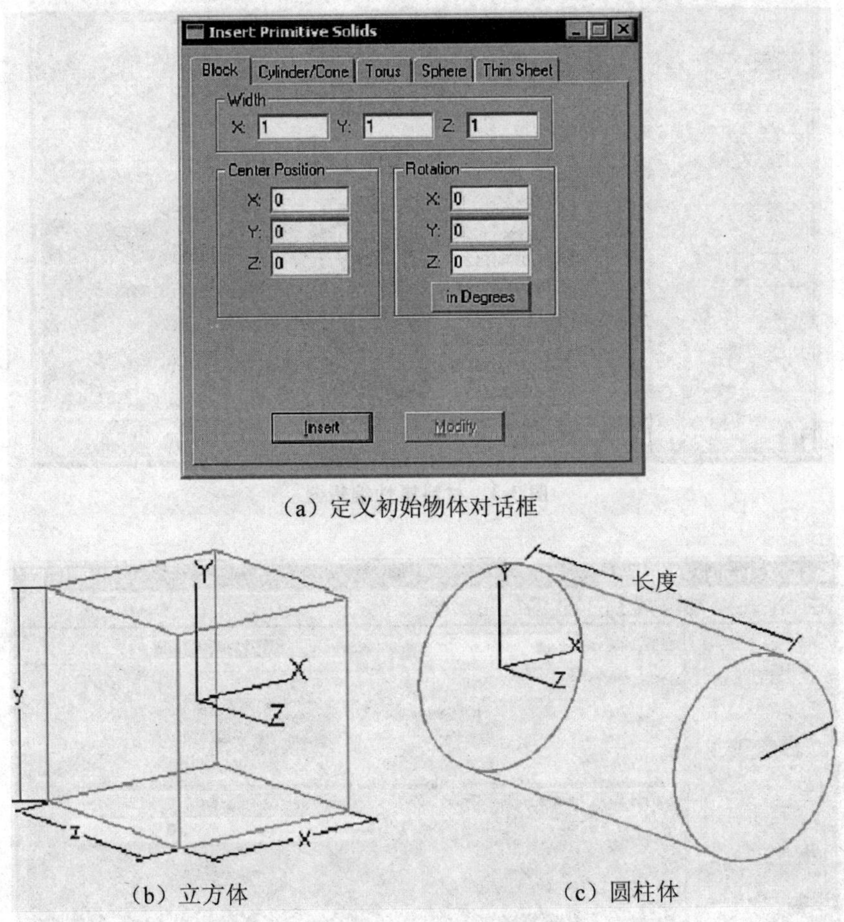

（a）定义初始物体对话框

（b）立方体

（c）圆柱体

图 3-2 定义初始物体

3）当在 TracePro 里建立了几何实体，并对属性进行定义后，需要通过如图 3-5 所示的应用属性对话框，将属性应用到模型中相应的物体和表面上，才能真实反映物体和表面对光线路径的影响，这需要设计者根据所需模拟问题来应用属性，来确定哪些属性对给定的模型起作用。表 3-1 中的属性列表中所有属性的运用过程都是相同的，区别在于将属性应用于物体还是面。其中物理属性来表现实物的真实特性，例如材料属性通常是指定物体的折射率和吸收率；体散射属性应用于材料本身的不均匀性以及杂质造成的散射体；对于材料非定值的性质，将由渐变折射率属性来描述；而光线轨迹属性是用来对光线进行追迹。

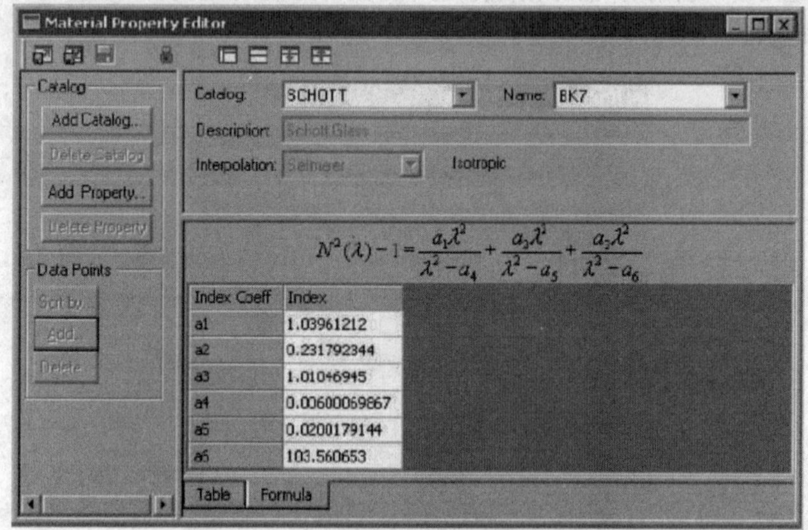

图 3-3　材料属性编辑器

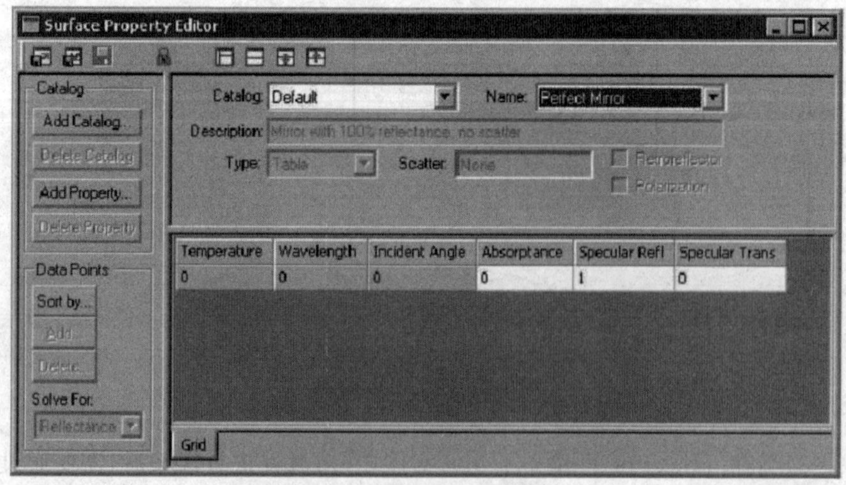

图 3-4　表面属性编辑器

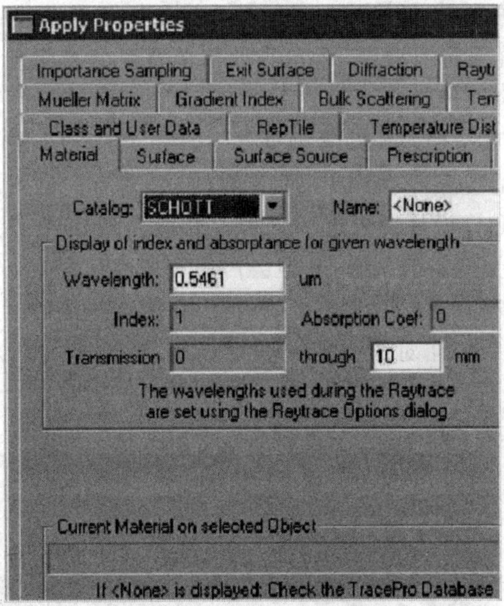

图 3-5　应用属性对话框

表 3-1　应用属性基本分类

应用对象	物体	表面
物理属性	材料属性、温度属性、偏振属性、渐变折射率属性、体散射属性	表面属性、表面光源属性、衍射属性、温度分布属性、细小重复性结构属性
光线追迹属性	光线标志属性	表面光源属性、出射表面属性、重点采样属性
其他	颜色属性、类和用户数据	颜色属性

4)在先后完成实体建模和属性定义、应用后，需要对实体进行光线追迹、来模拟光通量通过模型的分布。设计者通常根据实际情况在栅格式光线追迹、光源文件光线追迹和表面光源光线追迹这三种基本光线追迹方式中进行选择，来定义光线起始点。通常把栅格光线看成是从无穷远的光源发射的相互平行的准直光线样本，如图 3-6 栅格式光线追迹对话框中，设计者可确定栅格的大小、样式和位置，以规律或随机指定光线的空间和角度分布。表面光源光线追迹可以从一个实体单个或多个表面沿着预先指定的角度分布发射出光线，在此追迹方式中往往为了增加对特定方向光线的取样，将使用表面光源的重点取样选项，此时从该表面发出的光线将向设有重点

取样数据的位置发射，而光线的光通量由光源的角度发散曲线决定，空间立体角由重点取样目标点决定，而光通量和光亮度由表面光源决定。包含光线数据的文件可以作为光源插入一个 TracePro 模型里面。对于光源文件光线追迹方式，在按照理论或者测量得到的数据制作所得光源文件中，其表格数据应包含光线 XYZ 起始位置、光线的 XYZ 方向向量以及对应光通量值。TracePro 允许设计者可选择分析模式或模拟模式来保存追迹中的光线，前者将产生更多的光线数据，但会占用较多内存容量，光线追迹时间长；而后者产生更少的数据，占用较少的内存，在相对较短的时间内完成光线追迹任务，但为了后期在对照度图中进行分析，在追迹前必须指定一个出射表面。

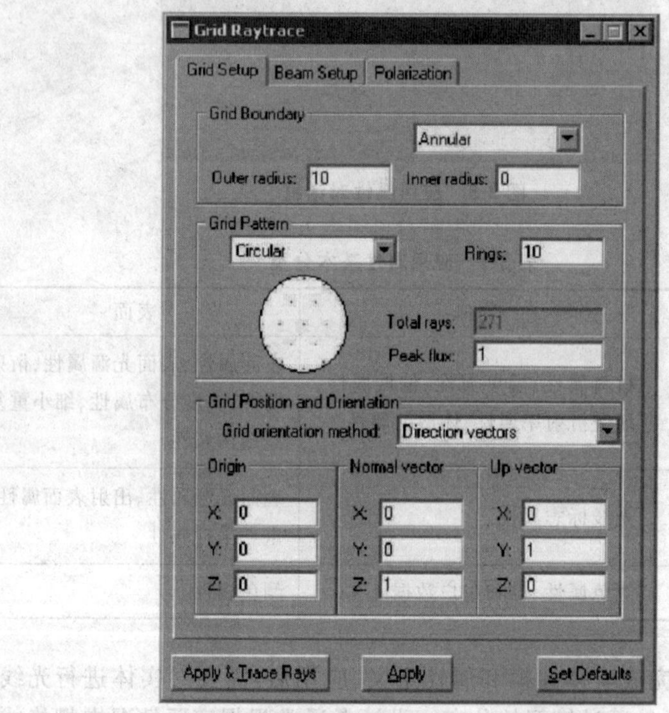

图 3-6　栅格式光线追迹对话框

5）在完成光线追迹之后，对整个系统进行性能评估时，需要通过多种方式来对光线追迹数据进行显示和分析，来确定光线追迹后的方位、分布区域和光能量分布。分析选项有很多种，其中本书中主要用到如图 3-7 和图 3-8 所示的光照度图和光强度分布模拟图。光照度图是指入射到所选表面上单位接收或辐射表面的功率，即使此表面并非平面，光线也会被投射到一个面法线方向可控制的平面上。由于在光度学单位中，发光强度单位是坎德拉

(流明每立体角),所以在 TracePro 中坎德拉图是对从模型“逃离”光线、表面出射光线或表面入射光线中收集数据,来用于表征发光强度或每立体角光通量图,常用于显示模型中光线数据的角度分配,所以在照明系统设计中经常会被用到。

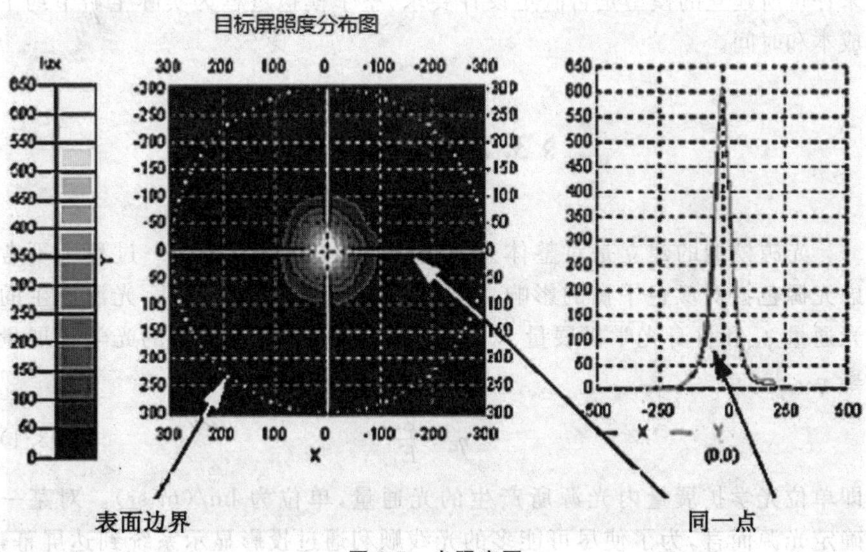

图 3-7　光照度图

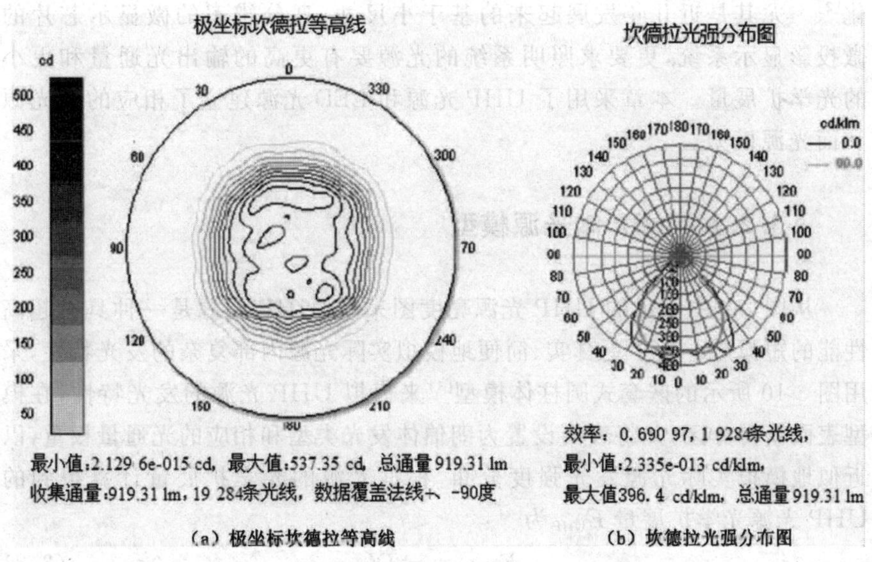

(a) 极坐标坎德拉等高线　　(b) 坎德拉光强分布图

图 3-8　坎德拉图

从整体来说，在 Tracepro 中对所建模型进行光线追迹时，通过采取非序列性的光线追迹方法，对光学系统中光线的反射、衍射等行为进行计算和模拟。该光线追迹方法可再现真实的环境，但是由于追迹光线数多、过程复杂，相应运算时间也较长，通常通过最后光强度、照度等图形和表格的输出，来评价所建立的模型是否满足设计要求，整个模拟过程为实际生产节约了成本和时间。

§3.2 光源模型

光源模型的建立是对整体系统进行模拟的前提，在这一过程中不考虑光源色谱对颜色平衡的影响，主要是确定光源的两个特性：光源产生的光通量 ϕ_s 和自身光学扩展量 E_s，将二者结合起来就是光源的光学扩展量率 η_E：

$$\eta_E = \frac{\phi_s}{E_s} \tag{3.1}$$

即单位光学扩展量内光源所产生的光通量，单位为 $lm/(m^2 sr)$。对某一确定光源而言，为了使尽可能多的光线顺利通过投影显示系统到达屏幕，在投影显示照明系统的设计中，要求所采用光源的光学扩展量率最大化[2]。尤其是近几年发展起来的基于小尺寸、高分辨率的微显示芯片的微投影显示系统，更要求照明系统的光源要有更高的输出光通量和更小的光学扩展量。本章采用了 UHP 光源和 LED 光源建立了相应的体光源和面光源模型。

§3.2.1 UHP 体光源模型

从图 3-9 中所示的 UHP 光源亮度图来看，UHP 光源是一种具有超高性能的短弧灯。为了更真实、简便地模拟实际光源内部复杂的发光特性，采用图 3-10 所示的嵌套式圆柱体模型[3]来模拟 UHP 光源的发光特性，在模型表面获得分区，并将表面设置为朗伯体发光类型和相应的光通量权重，以近似地模拟实际光源发光强度分布，根据光源的光学扩展量计算得到的 UHP 光源光学扩展量 E_{UHP} 为[4]：

$$E_{UHP} = \pi^2 DL \tag{3.2}$$

其中，D 和 L 分别为圆柱体的直径和长度。从 UHP 光源的光学扩展量定义可以看出，在光学扩展量限制较小的投影显示系统中，必须采用具有较短电弧的光源。图 3-11 是对直径 D 为 1 mm，长度 L 为 2 mm，总输出光通量为 2 400 lm 的嵌套型圆柱体 UHP 光源进行光线追迹得到的光强度分布模拟结果图。

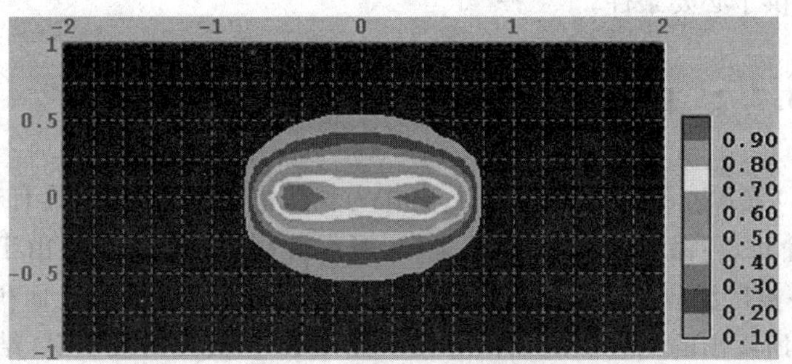

图 3-9　UHP 光源亮度图

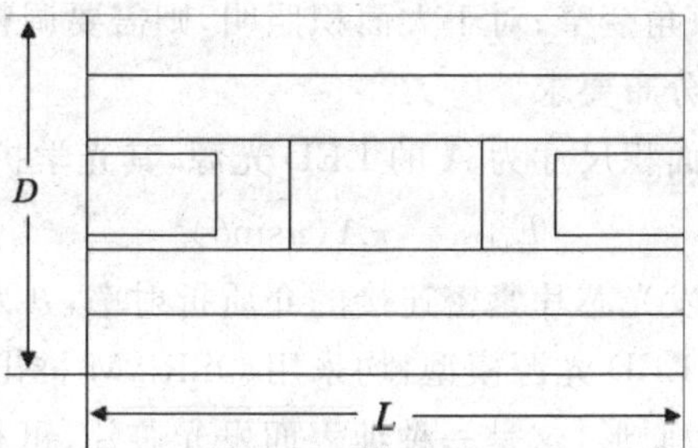

图 3-10　嵌套型圆柱体 UHP 光源模型

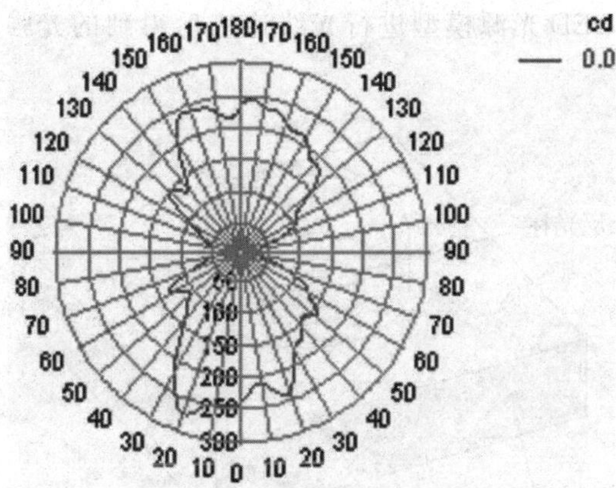

图 3-11　UHP 光源模型光强度分布模拟结果图

通过计算,UHP 光源具有较高的光学扩展量率,在一定程度上满足了投影显示系统对系统小型化和高亮度显示方面的要求。随着光源技术的进步,具有更短小、更稳定电弧的 UHP 光源,为投影显示系统性能的进一步突破,提供了必要条件。

§3.2.2 LED 面光源模型

LED 光源[2]不同于传统光源,它作为现代绿色照明光源,具有耗电少、使用寿命长、环保节能、体积小重量轻、可靠性高等特点。正是由于这些优点,LED 被广泛应用于各种室内外照明用途。LED 是一种发光面积小的面光源,其所发出的光近似朗伯体分布。图 3-12 是典型封装 LED 结构示意图,主要由发光芯片、反光杯、散热片和环氧封装透镜组成。相对于传统光源,LED 光源可通过调整封装结构对于其光束的方向进行控制:对于投射照明,需要调整光束角变窄;对于大面积照明,则需要调整为较宽的光束角,以满足特定的光强分布要求。

针对芯片发光面积尺寸为 A 的 LED 光源,其光学扩展量 E_{LED}[5]为:

$$E_{\mathrm{LED}} = \pi A(n\sin\theta)^2 \tag{3.3}$$

其中,n 为与 LED 发光芯片紧密连接的介质折射率,θ 为发光光束角度。

本节所建立的 LED 光源模型,均采用 OSRAM 推出的 OSTAR®Projection 系列 LED 为原形,这是一种纯表面发光芯片,可根据产品提供的发光芯片尺寸和光强度参数对 LED 光源模型进行设置,以近似地模拟实际光源发光特性。图 3-13 是对发光面积为(2.1×2.1) mm^2,总的输出光通量为 100 lm 的 LED 光源模型进行光线追迹后得到的光强度分布模拟结果图。

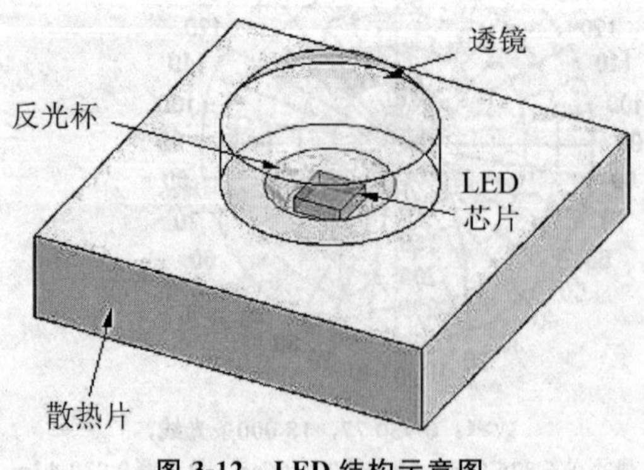

图 3-12 LED 结构示意图

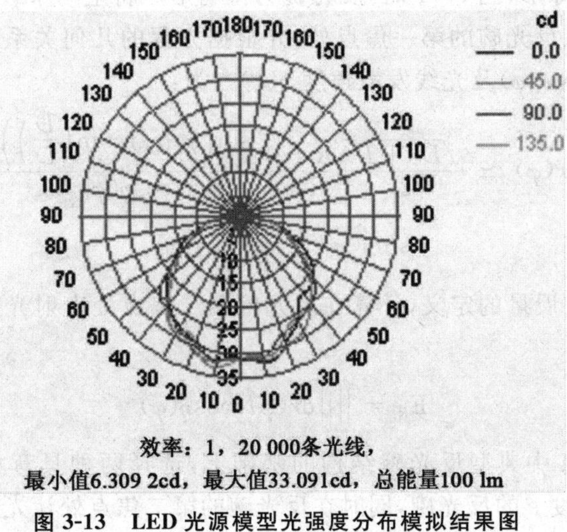

图 3-13　LED 光源模型光强度分布模拟结果图

§3.3　反光碗模型

在传统的投影显示系统中，为了提高系统光能利用率，UHP 光源通常与反光碗安装在一起，其中反光碗的面型主要为两类：抛物面和椭球面。为了合理地设计反光碗，使经过反光碗收集的光线顺利地通过照明系统中的后续光学元件，准确掌握反光碗对光束的光学扩展量的影响规律是很重要的。

§3.3.1　基本理论

利用反光碗收集 UHP 光源所发光线的过程，是将 UHP 体光源转换成面光源过程。在这一过程中，由于输出形式的改变和系统误差的存在等原因，经过反光碗对 UHP 光源收集后光束的光学扩展量约被增大 L/D 倍[6]。

为了计算引入反光碗后所收集光束的光学扩展量，建立了如图 3-14 所示典型反光碗结构，以反光碗的第一焦点作为原点建立极坐标，反光碗的方程[6]为：

$$R(\varphi)=\frac{f(1+e)}{1+e\cos\varphi} \tag{3.4}$$

其中，f 为第一焦点到反光碗顶点的距离，$e(0<e<1)$为椭圆度，当 $e=0$

时，反光碗为球形；当 $e=1$ 时，反光碗为抛物形。将上一节设计的 UHP 光源模型放置在反光碗的第一焦点处，并根据方程的几何关系可得第二焦点处光斑的大小 $r(\varphi)$ 及光线发散角度 $\eta(\varphi)$[6] 为：

$$r(\varphi) \simeq \frac{\sqrt{D^2+L^2}}{2} \frac{R'(\varphi)}{R(\varphi)} \frac{\sin\left(\varphi+\arctan\left(\frac{D}{L}\right)\right)}{\cos\eta(\varphi)} \tag{3.5}$$

$$\sin\eta(\varphi) = \frac{R'(\varphi)}{R(\varphi)}\sin\varphi \tag{3.6}$$

可根据光学扩展量的定义，计算在反光碗第二焦点处出射光束的光学扩展量 E_R[7] 为：

$$E_R = \iiiint \mathrm{d}r(\varphi)\,\mathrm{d}\cos\eta(\varphi) \tag{3.7}$$

在图 3-14 中典型反光碗结构的基础上，选择两种具有相同焦距和长度，不同椭圆度 e 的反光碗，同时在反光碗的第二焦点处让光线通过不同孔径的光阑，并计算观察面上的光通量与光源的输出光通量比值，即对于一个给定的 Etendue 值，测定光学系统的光能收集能力，可以得到图 3-15 中反光碗的光能收集效率与光束光学扩展量曲线。

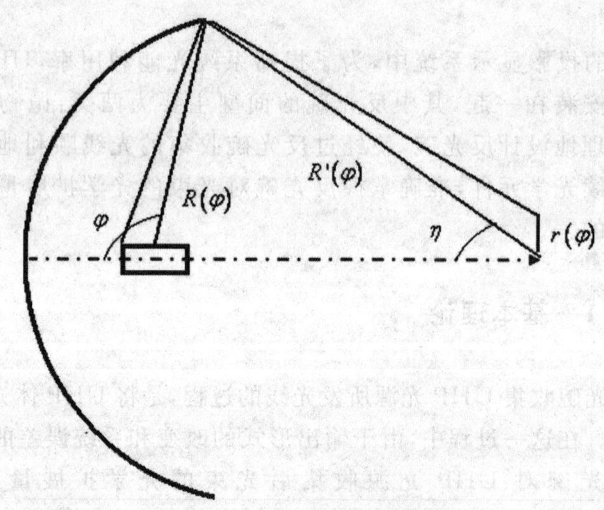

图 3-14 典型反光碗结构示意图

由图 3-15 可知，在反光碗的尺寸确定的情况下，在反光碗第二焦点处获得的光场分布中，随着光束的光学扩展量的增大，反光碗的收集效率逐步提高。通常在实际反光碗收集 UHP 光源所发光线过程中，部分光线并没有被反光碗收集会聚到第二焦点上，而是直接出射，这分别是由左边用来插入电极棒的孔和反光碗右端面的开口一起造成的。由于反光碗左边开口引起的光线泄漏情况与右端开口相比较小，所以在本节反光碗模型设计中只考虑了由反光碗右端开口所引起的光能量损失情况。

虽然增加反光碗的长度，使反光碗的收集光束角度 φ 增大，可以减少反光碗右端开口造成的光能损失，但过长的反光碗，不仅加工起来有难度，也会增加光束的光学扩展量，不利于投影显示系统的后续光学元件的设计。为了解决在不增加反光碗长度的前提下，提高光源的光能利用率问题，反光碗通常与球形回复反射器 SR(Spherical Retro-rfelector)[8,9] 联合使用。在这一过程中，将光源放置在构成 SR 的球形中心，同时也是反光碗第一焦点处，通过 SR 收集反光碗右端开口漏掉的部分光线，并将其反射回光源，重新被反光碗收集利用，可以提高光源光能利用率。虽然由于额外通过回复反射器反射面所造成的失真、光弧的吸收以及其他因素的影响，通过 SR 聚焦的光比不上直接由反光碗收集光，但毕竟在一定程度上提高了光能的利用率。

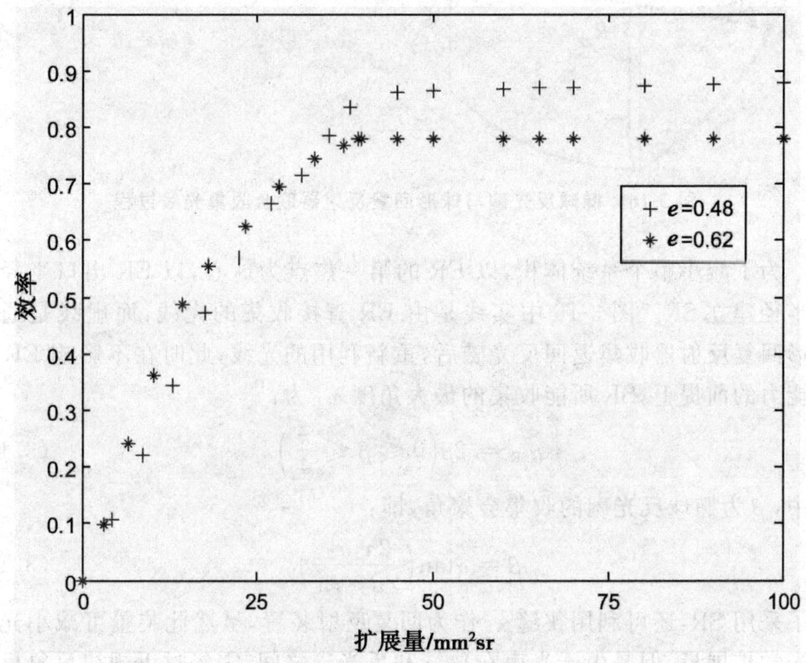

图 3-15　反光碗光能收集效率与光束光学扩展量曲线

如图 3-16 所示，建立椭球反光碗 ER(Elliptical Reflector)与 SR 联合收集 UHP 光源发出光线的模型。在 SR 的顶点建立直角坐标系，将光源放置在 ER 的第一焦点 x_1 处，观察面放置在 ER 的第二焦点 x_2 处，ER 的长度 L_{ER} 设置为：

$$L_{ER} = x_1 \tag{3.8}$$

此时 ER 出口半径 R_{ER} 为：

$$R_{ER} = \frac{2x_1 x_2}{x_1 + x_2} \tag{3.9}$$

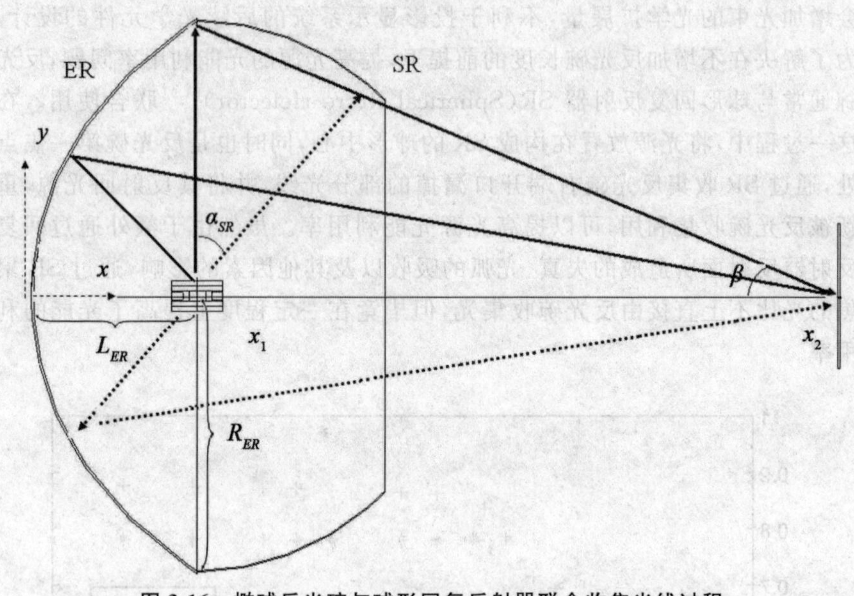

图 3-16　椭球反光碗与球形回复反射器联合收集光线过程

为了减小整个系统体积，以 ER 的第一焦点为球心，以 ER 出口半径为球半径建立 SR。图 3-16 中实线是由 ER 直接收集的光线，而虚线是通过球形回复反射器收集返回反光碗后，重新利用的光线，此时在不影响 ER 收集能力的前提下，SR 所能收集的最大角度 α_{SR} 为：

$$\alpha_{SR} = 2\beta\left(0 \leqslant \beta \leqslant \frac{\pi}{4}\right) \tag{3.10}$$

其中，β 为椭球反光碗的收集会聚角，即：

$$\beta = \alpha\tan\left(\frac{2x_1 x_2}{x_2^2 - x_1^2}\right) \tag{3.11}$$

除了采用 SR，还可利用狭缝[10]作为回复反射装置，虽然此装置可减小光束的光学扩展量，但是由于光束在狭缝和反光碗之间，需经过无规律反复反射后才能通过狭缝，光能容易在反射过程中损失。

§ 3. 3. 2　特殊抛物面回复反射器

本节在利用球形回复反射器 SR 提高系统光能利用率的基础上，设计了一种由特殊抛物面构成的回复反射器 SPR(Special Parabolic Retro-reflector)来代替 SR 与椭球反光碗联合，构造出新的 UHP 光源的光束收集系统。

如图 3-17(a)所示，普通抛物反光碗 PR(Parabolic Reflector)的反射面是通过抛物线沿着反光碗对称轴旋转得到的，此时抛物线自身的轴与反光碗的对称轴相重合，而图 3-17(b)中 SPR 的反射面，则是通过抛物线绕回复反射器对称轴旋转得到的，此时构成 SPR 的抛物线自身的轴与回复反射器的对称轴相互垂直。

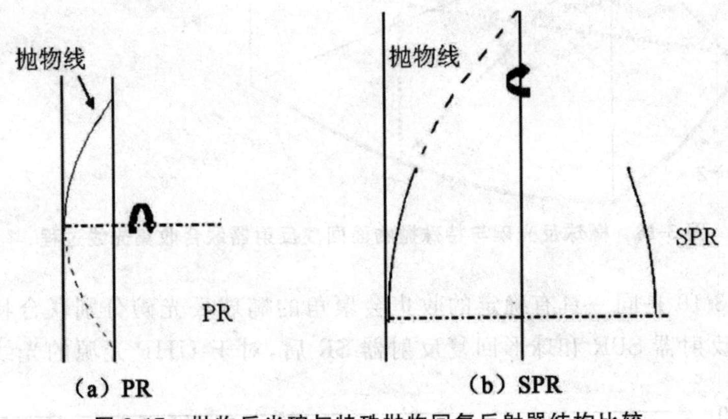

图 3-17　抛物反光碗与特殊抛物回复反射器结构比较

为了将 SPR 与 SR 做比较，在图 3-18 中将 SPR 作为回复反射器与同一椭球反光碗联合起来建立收集 UHP 光源光线的模型，将光源放在 ER 的第一焦点 x_1 处，同时也是构成 SPR 的抛物线焦点，观察面放置 ER 的第二焦点 x_2 处，并设置构成 SPR 的抛物线焦距 f_{SPR} 为：

$$f_{SPR}=2R_{ER} \tag{3.12}$$

同时调整 SPR 长度使其在不影响 ER 收集光线能力的前提下，收集到尽可能多的光线，此时 SPR 所能收集的最大角度 α_{SPR} 为：

$$\alpha_{SPR}=\alpha\cos\left(\frac{2}{4\tan^2\beta+1}-1\right)[0\leqslant\beta\leqslant\alpha c\tan(0.5)] \tag{3.13}$$

如图 3-18 所示，在 ER 与 SPR 联合对 UHP 光源所发光线进行收集过程中：除由于 SPR 右端开口漏掉的光线外，一部分光被椭球反光碗直接收集并汇聚到其第二焦点处；另一部分光被 SPR 收集，在 SPR 内部经过第一次反射后并没有像球形回复反射器 SR 那样直接返回光源，而是根据反射定律沿着与 SPR 对称轴相垂直的方向传播，然后经过在 SPR 内部反射面的第二次反射后才重新回到光源，再次被椭球反光碗收集。

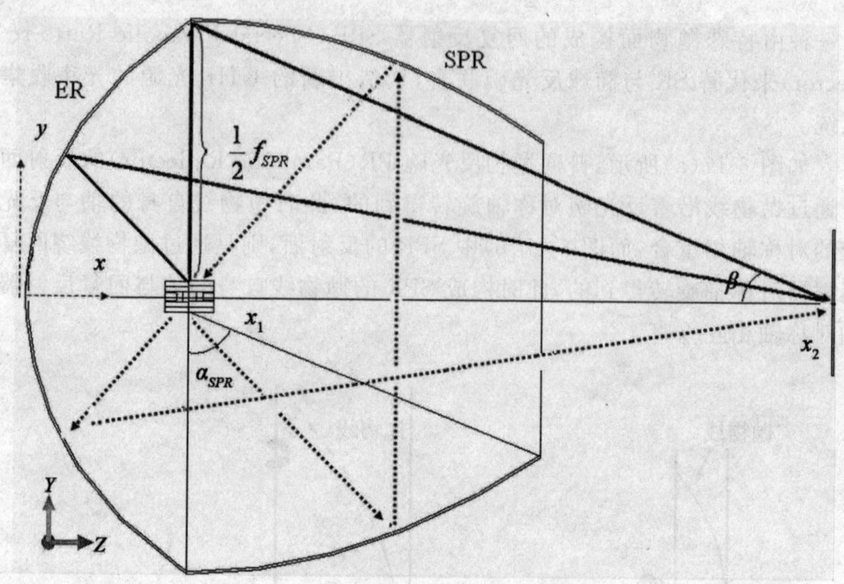

图 3-18　椭球反光碗与特殊抛物面回复反射器联合收集光线过程

图 3-19 是同一具有确定的收集会聚角的椭球反光碗分别联合特殊抛物回复反射器 SPR 和球形回复反射器 SR 后，对于 UHP 光源的光线收集

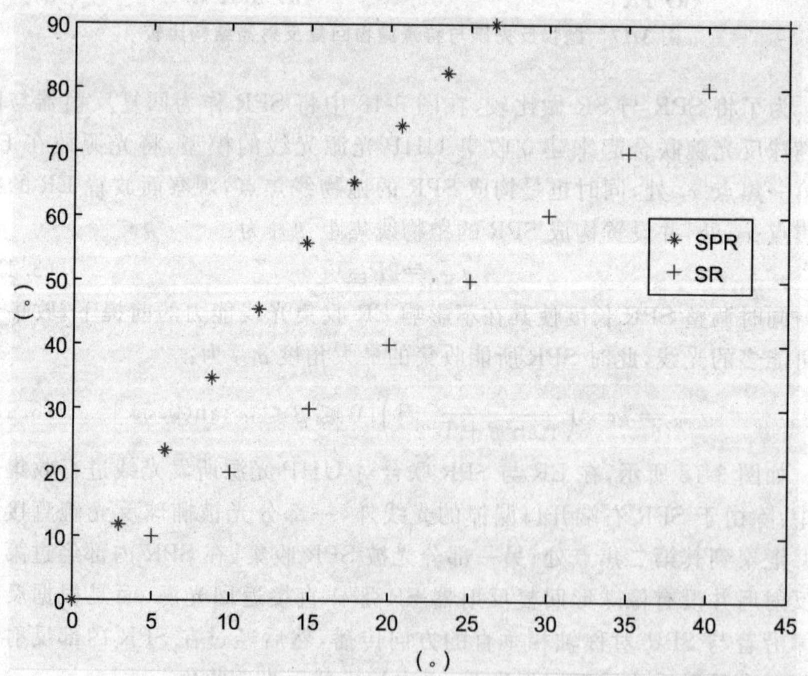

图 3-19　特殊抛物回复反射器与球形回复反射器收集能力对比

能力的对比。从图中可以看出，对于确定的椭球反光碗，采用具有相同入口口径的 SPR 和 SR，由于被收集光线在 SPR 内部的反射次数比 SR 多一次，具有明显的折叠效应，所以 SPR 所能收集再次利用的光源光束角度范围要比 SR 大。这有利于在不增加外观尺寸的情况下，进一步提高系统光能利用率。

§3.3.3 模拟结果

图 3-20 中(a)、(b)两图是在各光学元件反射面的反射率为 97%的情况下，分别采用图 3-16 和图 3-18 中所建的模型进行光学追迹后，在椭球反光碗的第二焦点处所获得的照度分布模拟结果。虽然两图中照度分布不均匀的光场，是通过不同模型结构对同一 UHP 光源模型进行追迹得到的，但是由于 UHP 光源具有一定的体积和光能分布，通过椭球反光碗和回复反射器这两个光学元件收集会聚后，光源在椭球反光碗的第二焦点处所成的像均为物体的 3～4 倍，无法直接用于照明显示芯片，还需经过进一步光束均匀化整形。从观察面获得的光通量信息可以看出，与具有相同功能的 SR 相比，SPR 可以使系统收集光能效率提高 6%，这有利于进一步提高 UHP 光源微投影显示系统的光能利用率。

在椭球反光碗 ER 分别联合球形回复反射器 SR、特殊抛物面回复反射器 SPR 用于收集 UHP 光源所发光线的过程中，本节采用在第二焦点的观察面前，设置具有不同通光孔径光阑的方法，以实现控制到达观察面上光束的光学扩展量目的，并计算到达观察面上的光通量与光源总的输出光通量比值，得到图 3-21 中在椭球反光碗引入回复反射器后，其光能收集效率与光束光学扩展量的关系曲线。

由图 3-21 可知，采用这两种系统结构去收集 UHP 光源发出的光线时，当到达观察面上光束的光学扩展量较小时，观察面上所获得的光通量随着光束的光学扩展量的增加而急剧增加；当光束的光学扩展量增大到一定程度时，观察面上光通量的增加趋于平缓；在相同的光学扩展量处，ER 和 SPR 组成的系统能收集更多的光通量到达观察面。虽然在观察面上，具有较大光学扩展量的光束可获得较多的光通量，但由于受到后续系统中光学扩展量的限制，在观察面上超过这一限制的光线是无法顺利地通过后续光学系统，所以单纯提高到达观察面上的光通量是不合适的，必须考虑到后续光学系统的设计，选取与后续系统耦合关系最为理想的光源收集系统尺寸，才能使整个系统有较高光能利用率。

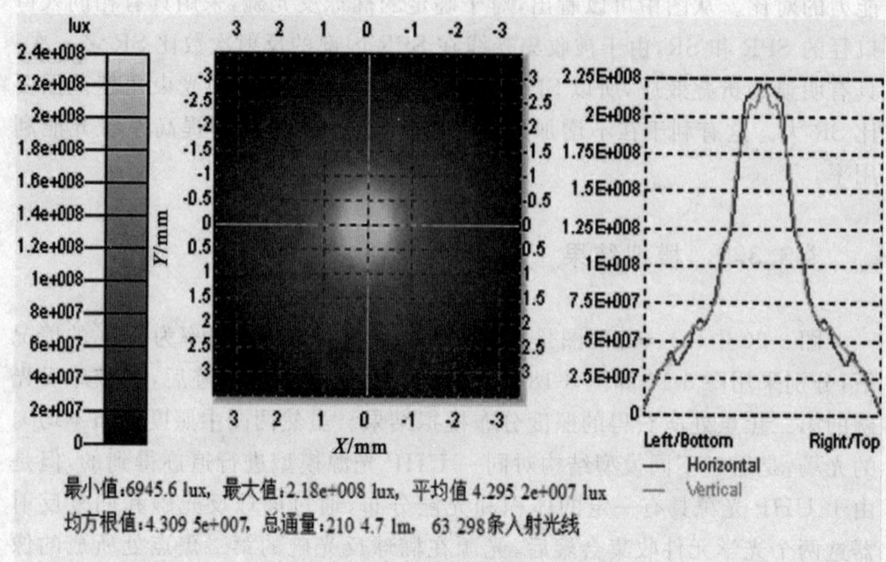

(a) ER+SR

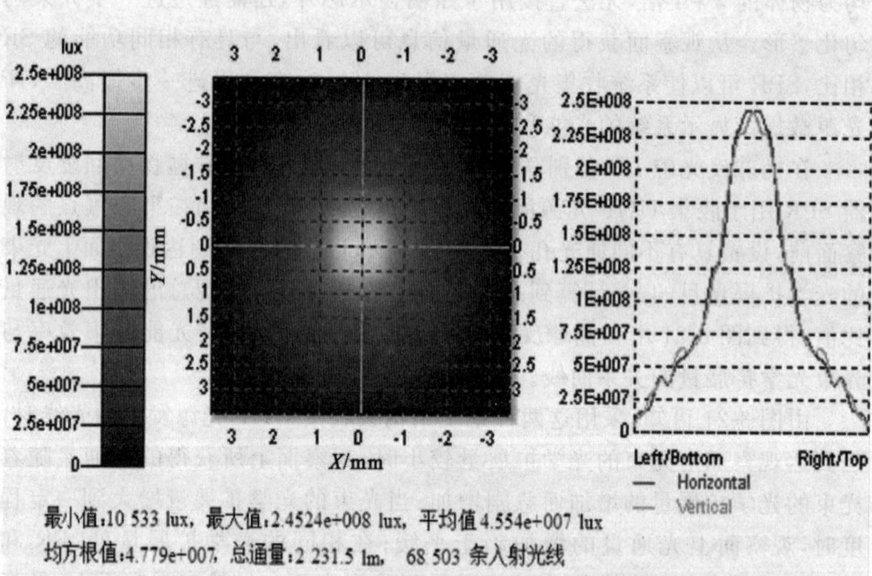

(b) ER+SPR

图 3-20 照度分布模拟结果图

在回复反射器与椭球反光碗联合收集的过程中,得到再次利用的光线在到达椭球反光碗之前,还得再次通过光弧,这无疑对光源产生了额外热负荷,会对光源的寿命有所影响,这也是此类型结构的一个不利因素,在将来的工作中应对此进行进一步分析。

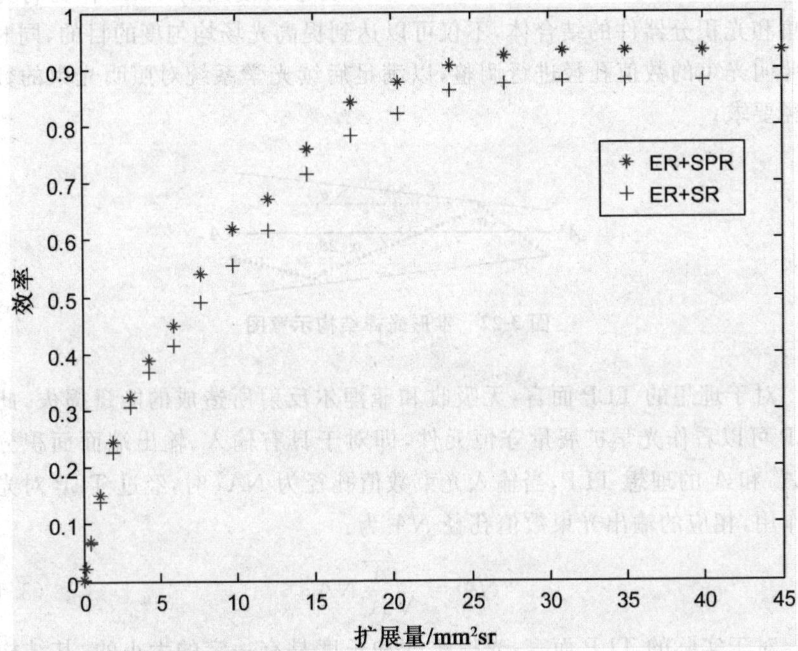

图 3-21 引入回复反射器后反光碗光能收集效率与光束光学扩展量曲线

§3.4 锥形光棒模型

在投射显示的照明系统中,光束的孔径和角度必须经常得到调整,以满足系统(如显示芯片)对照明光束的要求。通常采用两种方法,一种是使用透镜进行调整,另一种是锥型光棒(TLP)。其中光棒是投影显示照明系统中经常采用的一种比较理想的均匀化光学元件,具有结构简单、成本低的优点。从外观形状上光棒主要分为两大类:方形和锥形,有关方形光棒对光束均匀化整形的基本原理在很多文献[11,12]中都有详细介绍,本节主要是对锥形光棒 TLP 在投影显示照明系统中的作用进行模拟研究。

§3.4.1 基本理论

如图 3-22 典型 TLP 结构示意图[13]所示,由于进入 TLP 内部的光线,每次在与 TLP 内壁反射一次后,光线角度就会减小 2θ(θ 为 TLP 的锥角),当光线的角度减小到小于 0 度时,光线不会再与光棒内壁相交,而直接由光棒输出端面射出，所以在投影显示照明系统中所使用的 TLP，作为将光束收集和光积分器件的结合体，不仅可以达到提高光场均匀度的目的，同时还对照明光束的数值孔径进行调整，以满足后续光学系统对照明光束的数值孔径要求。

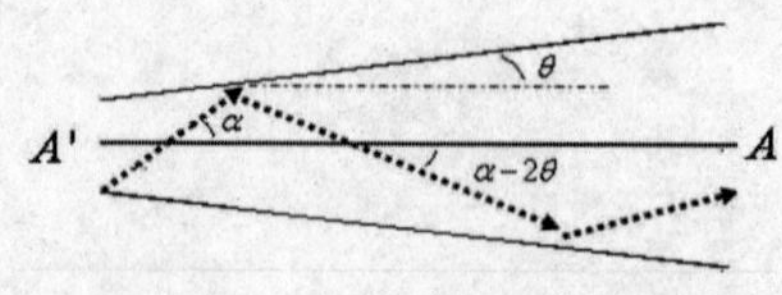

图 3-22　锥形光棒结构示意图

对于理想的 TLP 而言，无吸收和菲涅尔反射所造成的能量损失，此时 TLP 可以看作光学扩展量守恒元件，即对于具有输入、输出端面面积分别为 A' 和 A 的理想 TLP，当输入光束数值孔径为 NA' 时，经过 TLP 对光束的作用，相应的输出光束数值孔径 NA 为：

$$NA = \sqrt{\frac{A'}{A}} NA' \tag{3.14}$$

对于实际的 TLP 而言，光棒锥度和长度是有一定的大小的，其结构尺寸设计主要从以下几个方面入手。

3.4.1.1　TLP 输入、输出端面

通常 TLP 的作用除了要完成对照明光束数值孔径的调整外，还需要完成将非成像光学元件收集光源所得到的非均匀化圆形光场，转化为与显示芯片的形状和尺寸相匹配的均匀化矩形光场的任务，所以锥形光管的输入、输出端面将分别按照圆形光场的尺寸和显示芯片宽高比设计成具有一定比例尺寸的矩形。

在投影显示照明系统中，TLP 影响系统能量利用率的因素主要有两个方面：一方面是光棒输入端面的光耦合效率，即输入端面光场中光能进入光棒的效率；另一方面是光棒输入端面的光束光学扩展量比率。当单纯为了提高光棒输入端面的光耦合效率，而过度增加 TLP 输入端面积，使圆形光场内的所有光能全部进入 TLP 时，会造成光束的光学扩展量至少增加 $4/\pi$ 倍，以至于 TLP 出射后的光束受到后续光学元件的光学扩展量的限制，反过来单纯为保证光棒输入端面光束的光学扩展量比率，而过度压缩 TLP 输入端面积，同样会造成系统光能利用率低的问题，因此研究输入端光场与 TLP 输入端面之间的耦合情况，对于提高整个系统光能利用率非常重要。

如图 3-23 所示，非成像光学元件收集的光源光束，在 TLP 输入端面呈现为半径为 R 的圆形光场分布，TLP 的输入端面是宽高分别为 W 和 H 的矩形。假设整个圆形光场的光能量分布均匀，则 TLP 的光能利用率 η_{TLP} 为：

$$\begin{aligned}\eta_{TLP} &= \eta_A \eta_E \\ &= \frac{A_{in}}{\pi R^2} \frac{\pi^2 R^2 (NA)^2}{\pi WH (NA)^2} \\ &= \frac{A_{in}}{WH}\end{aligned} \tag{3.15}$$

其中，η_A，η_E 分别为圆形光场与 TLP 的输入端面的光耦合效率和光学扩展量比率，A_{in}为圆形光场最终进入 TLP 输入端的面积，NA 为入射到 TLP 输入端光束的数值孔径。

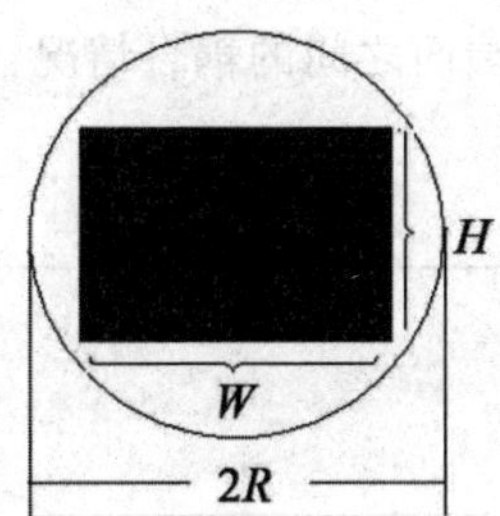

图 3-23　入射圆形光场与锥形光棒矩形输入端面之间的耦合

针对 TLP 输入端面为正方形 ($W:H=1:1$) 的情况下，TLP 光能利用率 $\eta_{1:1}$ 为：

$$\eta_{1:1} = \frac{\pi R^2 - 4\left(R^2 a\cos\left(\frac{H}{2R}\right) - \frac{H}{2}\sqrt{R^2 - \frac{H^2}{4}}\right)}{H^2}$$

$$(\sqrt{2}R < H \leqslant 2R) \tag{3.16}$$

针对 TLP 输入端面为长方形 ($W:H=4:3$) 的情况下，TLP 光能利用率 $\eta_{4:3}$ 为：

$$\eta_{4:3} = \frac{\pi R^2 - 2\left(R^2 a\cos\left(\frac{H}{2R}\right) - \frac{H}{2}\sqrt{R^2 - \frac{H^2}{4}}\right) - 2\left(R^2 a\cos\left(\frac{2H}{3R}\right) - \frac{2H}{3}\sqrt{R^2 - \frac{4H^2}{9}}\right)}{\frac{4}{3}H^2}$$

$$\left(\frac{6}{5}R < H \leqslant \frac{3}{2}R\right) \tag{3.17}$$

$$\eta_{4:3}=\frac{\pi R^2-2\left(R^2 a\cos\left(\frac{H}{2R}\right)-\frac{H}{2}\sqrt{R^2-\frac{H^2}{4}}\right)}{\frac{4}{3}H^2}$$

$$\left(\frac{3}{2}R<H\leqslant 2R\right) \tag{3.18}$$

图 3-24 是针对以上两种输入端面尺寸比例，改变 TLP 输入端面的面积所得到的 TLP 光能利用率和 TLP 输入端面光束的光学扩展量比率关系曲线。从图中可以看出：采用这两种输入端面比例的 TLP，随着光学扩展量比率 η_E 增大，TLP 自身的光能利用率也会增加，同时在相同的光学扩展量比率情况下，与输入端面宽高比例为 4∶3 的 TLP 相比，输入端面宽高比例 1∶1 的 TLP 在提高整体系统光能利用率方面更具有优势。由于以上计算均是在假设圆形光场能量分布均匀的前提下进行的，对于具有近似高斯分布的光场与 TLP 的输入端面之间的耦合情况，应根据光能分布作为权重进行一定的修正。

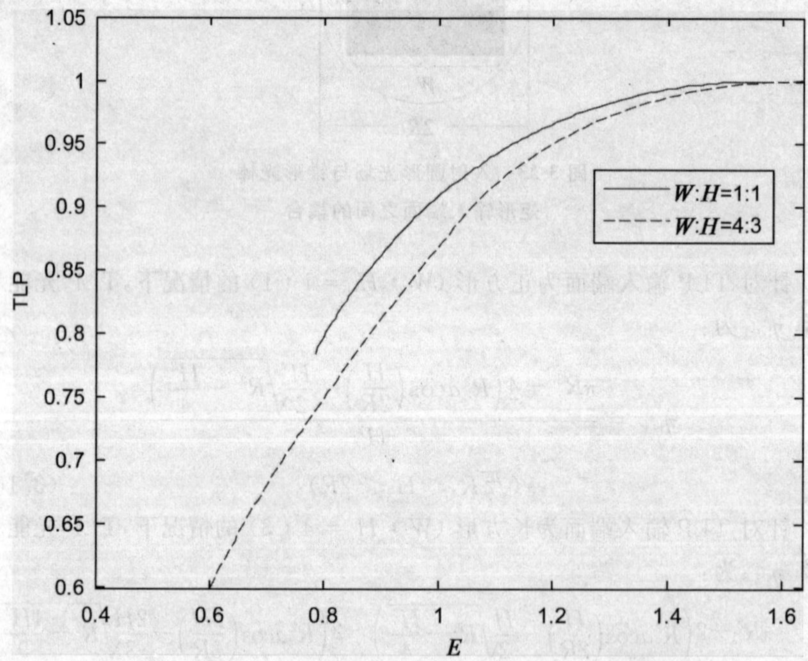

图 3-24　TLP 光能利用率和 TLP 光学扩展量比率关系曲线

3.4.1.2　TLP 的长度

在 TLP 的输入、输出端面确定的情况下，光束均匀度[14]主要受到长度的影响。一般情况下，TLP 长度越长，光线在 TLP 中的反射次数越多，在 TLP 输出端面处光场均匀效果越好，但当 TLP 的长度增加到一定程度时，长度对于均匀度的影响能力逐渐减小，反而会使光线在光棒内部多次反射，带来光能损耗和光学系统体积过大等不利因素。通常认为当 TLP 长度等于 TLP 的输入、输出端面对角线之和的 1.5 倍时，在 TLP 的输出端面所获得的光场均匀度就能满足设计要求了。

3.4.1.3　全反射方式

为了实现光束在光棒内部多次反射的效果，通常可采用实心玻璃内部全反射或光棒内表面镀高反射膜的方式，其中采用实心玻璃做锥形光棒，要求进入光棒的光束角度要满足全反射条件，此方式中光束在其内部的光能损失主要由材料的吸收引起，而采用光棒内镀高反射膜的方式有着对输入光束的角度无限定的优点，但也会增加一定的生产成本。

§3.4.2　模拟结果

在以上对 TLP 基本设计理论的基础上，建立内壁设置为高反射膜的 TLP_A 和 TLP_B 两个模型，其相应的输入、输出端面尺寸按照表 3-2 中的参数进行设置，并分别将 TLP_A 和 TLP_B 的输入端面，放置在图 3-18 模型中的椭球反光碗第二焦点处，用于处理具有相同光能分布的圆形光场。图 3-25 是通过不断增加 TLP 长度，并对整个光学模型进行光线追迹和均匀度计算，得到 TLP 长度与 TLP 输出端面光场均匀度之间的曲线。

表 3-2　TLP 模型端面尺寸

模型	输入端面/mm	输出端面/mm
TLP_A($W:H=1:1$)	4.25×4.25	7.3×9.6
TLP_B($W:H=4:3$)	3.6×4.8	7.3×9.6

由图 3-25 可知 TLP 输出端面光场均匀度在一定范围内受到 TLP 长度的影响比较明显，但两者之间不存在线性关系，当 TLP 长度增加到一定程度后，均匀性的变化曲线趋于平缓，TLP 长度增加对于均匀性提高作用不是很显著。在实际设计中需要将在 3.4.1 中对 TLP 长度的设置和对模型的光场模拟结果相结合，以得到较佳的锥形光棒长度。

为了更好地观察 TLP 对于光束的均匀化和数值孔径调整作用，以长度为 25 mm 的 TLP_A 为例，在图 3-18 模型中椭球反光碗的第二焦点处和 TLP 输出端面设置大小相同的观察面，分别获得如图 3-26 所示照度分布模拟结果图，以及图 3-27 中在 TLP 输入、输出端面的光强度分布模拟结果图，从两图中可以看出 TLP 出色地完成了对光场形状整形和光束数值孔径的调整，为后续光学系统的设计打下了基础。

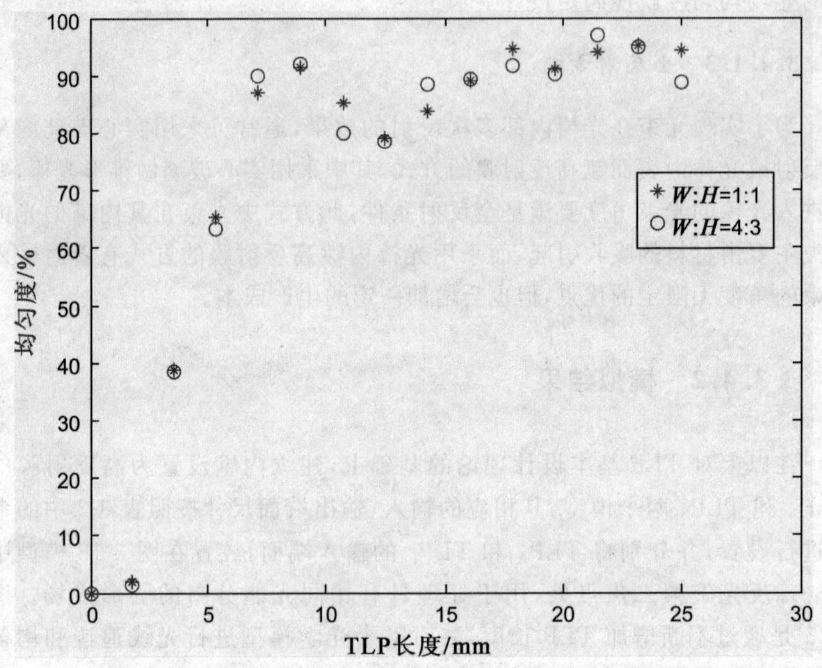

图 3-25　TLP 输出端面光场均匀度与 TLP 长度关系曲线

为了使 TLP 更好地完成光束整形和均匀度提高任务，需进一步对锥形光棒进行改造。图 3-28(a)中是文献[13]提出的透镜化 TLP，它是在实体锥形光棒和透镜相结合的基础上形成的，其中曲面被增加到 TLP 输出面上，输入面是平的，当然若增加输入面的曲率也有助于改进 TLP 出射效率。透镜的作用是代替更长的 TLP 发挥光束数值孔径调整能力，被用于以亮度最小的损失来改变光束孔径和角度，并且在出口处提供非常均匀的强度分布。图 3-28(b)是在同等条件下透镜化锥形光棒与普通锥形光棒光输出效率对比，很明显透镜化 TLP 大大改善了 TLP 功能，特别是对于长度较短的光管，不仅在优化系统尺寸和费用方面为设计者增加了灵活性，还改善了光线在光棒输出面分布的均匀性。如图 3-29 中的 TLP[15] 是在输入、输出射端面确定的情况下，将多个锥度逐渐减小的 TLP 相连接起来，以一种渐进的方式减小输出光束的数值孔径，以克服小锥度情况下 TLP 长度过长的缺点。

除了以上对光棒外形进行改进外，设计者还可以考虑将光棒用实心玻璃制成，虽然这将造成成本增加，但其在应付大角度输入光线时，所展现的光线约束能力确实优于空心光棒。当然从加工难易程度上来看，空心光棒更容易制造，并且在输入—输出面上不需要考虑菲涅耳反射损失，然而空心光棒的缺点在于高温情况下膜层易损坏，当输入光线进入光管的入射角大时，膜层反射损失也变得厉害。

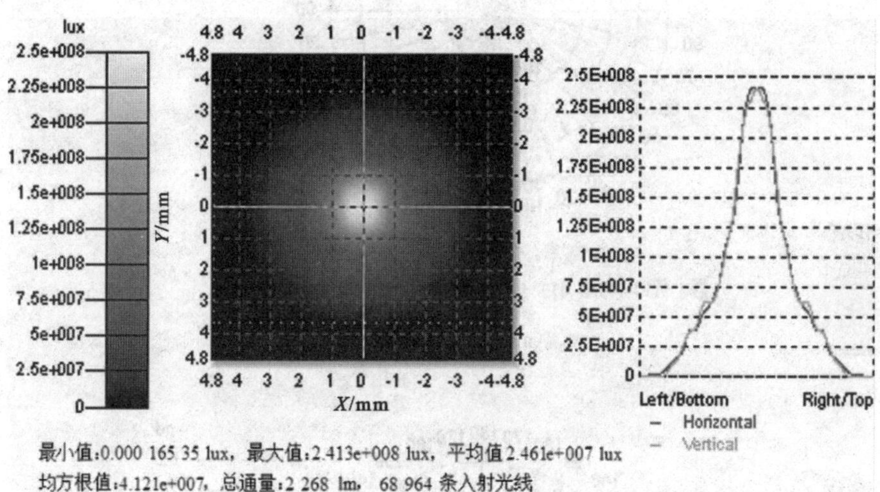

（a）椭球反光碗第二焦点处

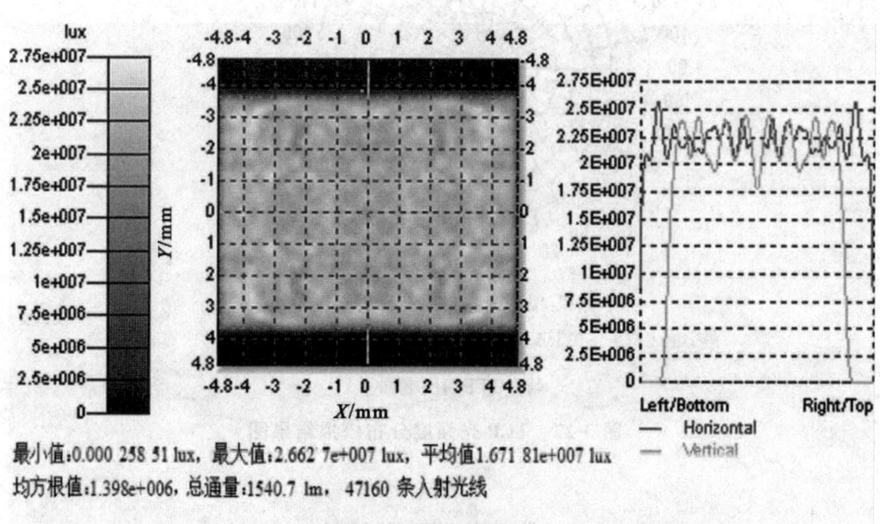

（b）TLP输出端面

图 3-26　照度分布模拟结果图

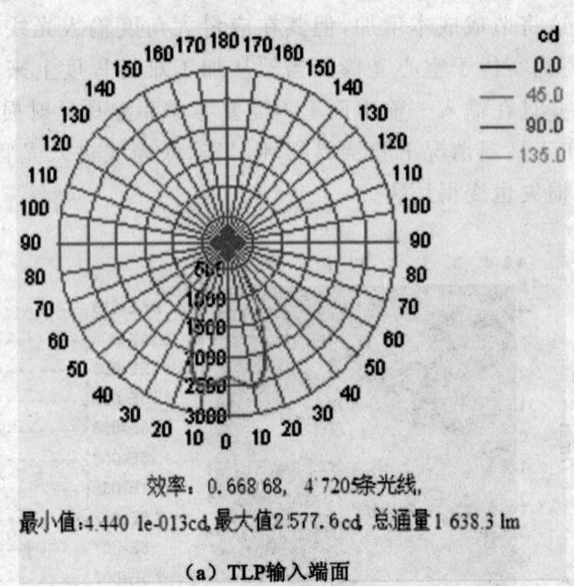

（a）TLP输入端面

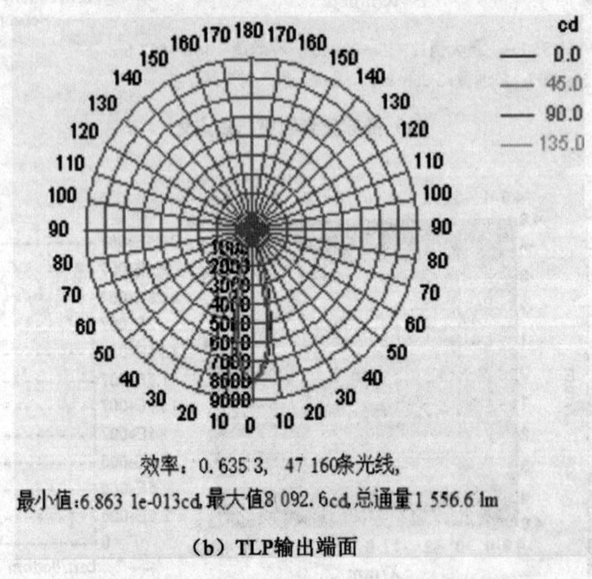

（b）TLP输出端面

图 3-27　TLP 光强度分布模拟结果图

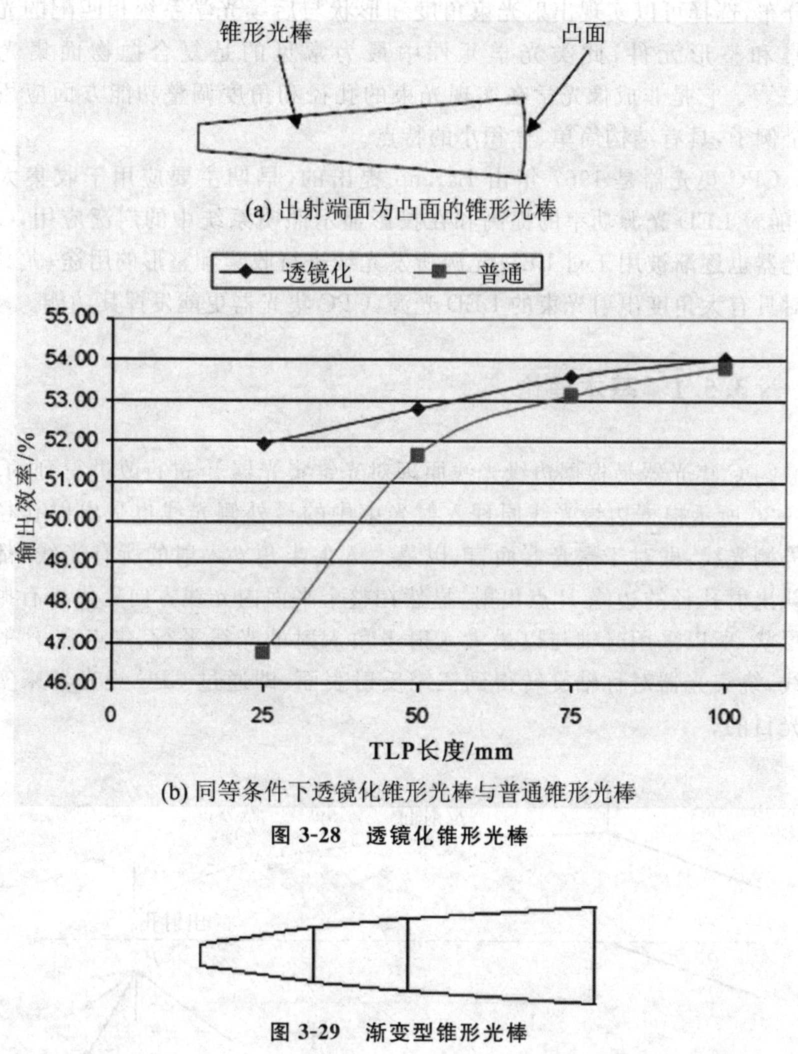

(a) 出射端面为凸面的锥形光棒

(b) 同等条件下透镜化锥形光棒与普通锥形光棒

图 3-28　透镜化锥形光棒

图 3-29　渐变型锥形光棒

§3.5　复合抛物面集光器模型

在传统的 UHP 投影显示照明系统中，可使用椭球反光碗或者抛物反光碗提高系统对 UHP 光源的光能利用率，但是像采用 LED 这样的面光源作为投影显示系统照明光源时，尤其是对于发光立体角为 2π 的 LED 光源，反光碗往往无法显示出先前的优势。为了使采用 LED 光源的投影显示系统照明光束满足显示芯片的照明要求，往往需要根据 LED 自身的光强度空间分布，选择可以实现出射光束角度和形状与后续光学系统相匹配的光束收集和整形元件，此类光学元件中最为常见的是复合抛物面集光器 CPC[16]。它是非成像光学在实现光束的孔径和角度调整功能方面应用的一个例子，具有结构简单、体积小的特点。

CPC 集光器是 1967 年由 Barano 提出的，早期主要应用于收集太阳能，随着 LED 光源功率的提高和在投影显示照明系统中的广泛应用，CPC 集光器也逐渐被用于对 LED 光源所发光线进行收集和整形的用途，尤其是针对具有大角度出射光束的 LED 光源，CPC 集光器更能发挥其功能。

§3.5.1 基本理论

CPC 集光器是根据边缘光线原理对光锥集光器[17]进行改进得到的，如图 3-30 所示根据边缘光线原理入射光束中的最外侧光线也是出射孔径的最外侧光线，即对于聚光器而言，以最大入射半角 θ 入射的所有光线，都必须从出射孔径的边缘 P 点出射，显然在整个平面内光线方向变化具有抛物线形状，所以采用光轴与以最大入射半角入射的光线平行、焦点在 P 的抛物线，绕集光器对称轴旋转得到三维反射表面，即通过 CPC 集光器来实现集光目的。

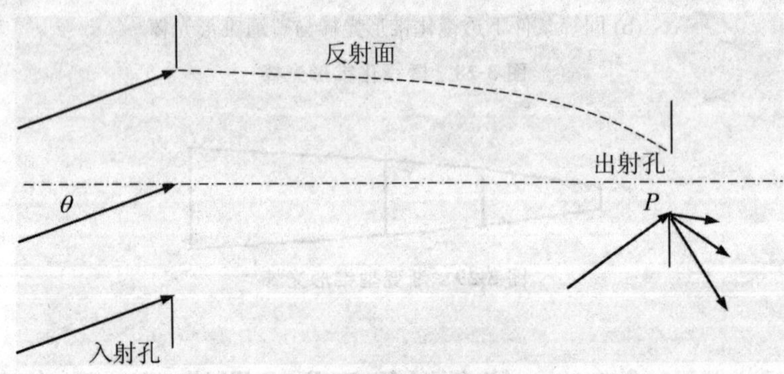

图 3-30 边缘光线原理

如图 3-31 所示，在 CPC 集光器出入孔径尺寸确定的情况下，调整两个孔径之间的距离使得边缘光线与集光器的轴线之间的角度为最大集光角度 θ_{max}，其与 CPC 集光器出入孔径之间的关系[18]为：

$$\sin(\theta_{max}) = \frac{a'}{a} \tag{3.19}$$

同时用于构成 CPC 集光器的抛物线焦距 f 为：

$$f = a'(1 + \sin\theta_{max}) \tag{3.20}$$

最后确定 CPC 集光器的长度 L 为：

$$L = \frac{(a' + a)}{\tan(\theta_{max})} \tag{3.21}$$

至于在 CPC 集光器的内部实现全反射方式与锥形光棒采用的方式一样，也可采用高折射率材料做成实心体或内壁镀高反射膜的方式，其中采用实心体方式做成的 CPC 集光器，其出射光束的数值孔径 NA_{CPC} 为[17]：

$$NA_{CPC} = n\sin\theta_{max} = n\frac{a'}{a} \tag{3.22}$$

其中，n 为 CPC 集光器所选用的材料折射率。

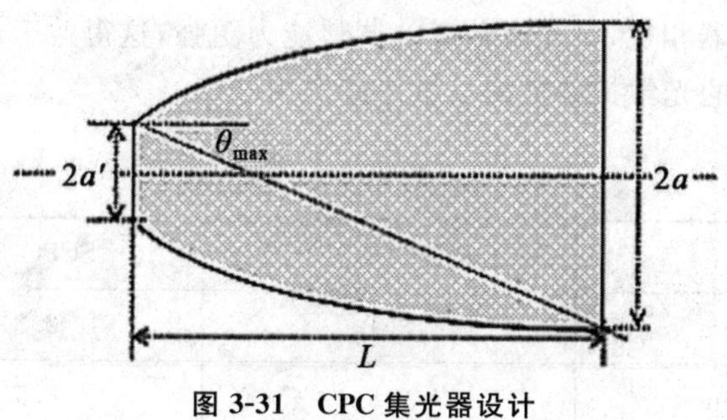

图 3-31　CPC 集光器设计

§3.5.2　模拟结果

在利用 CPC 集光器对 LED 光源光束进行收集的过程中，由于 LED 光源的发光面为方形，如果采用根据图 3-32 所构成的 RCPC（Round Compound Parabolic Concentrator）集光器，即截面为圆形的 CPC 集光器去覆盖整个 LED 芯片，光束的光学扩展量将会至少增加 $\pi/2$ 倍，并且 RCPC 集光器出射光束的圆形光场不利于与矩形显示芯片相匹配，从而降低了系统光能利用率。

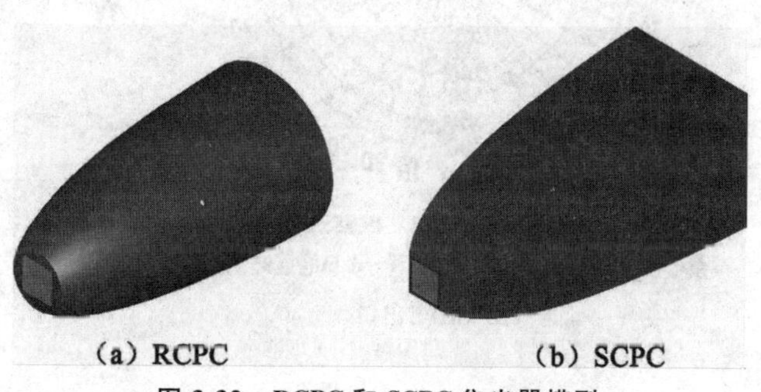

（a）RCPC　　（b）SCPC

图 3-32　RCPC 和 SCPC 集光器模型

因此在本节中，为了对比 RCPC 集光器的收集整形能力，还采用了在文献中所提到的多面体 CPC 集光器中的方形复合抛物面集光器 SCPC[18] (Square Compound Parabolic Concentrator)，对 3.2.2 小节中建立的 LED 光源模型进行光线收集和整形，两种集光器均通过在其内壁设置为高反射膜的方式完成全反射。图 3-32 是采用表 3-3 中 RCPC 和 SCPC 模型的参数设置建立起来的集光器模型外观效果图，其中考虑到 LED 光源发光芯片尺寸的大小，RCPC 和 SCPC 的入口尺寸均略大于 LED 光源发光芯片。经过系统模型光线追迹，在 SCPC 和 RCPC 集光器模型的出射孔径处设置相同的观察面上，获得如图 3-33 所示的光强度分布模拟结果图和图 3-34 的照度分布模拟结果图，从图中可以看出 SCPC 集光器与具有相同出射面积的 RCPC 集光器相比，对光束角度的调整能力更强，这得益于 SCPC 集光器入口对于光束的光学扩展量的尽量保持作用。

表 3-3 RCPC 和 SCPC 模型尺寸

参数	RCPC(直径)	SCPC(宽×高)
入口/mm	3.1	2.2×2.2
出口/mm	9.6	8.5×8.5
长度/mm	18.6	20

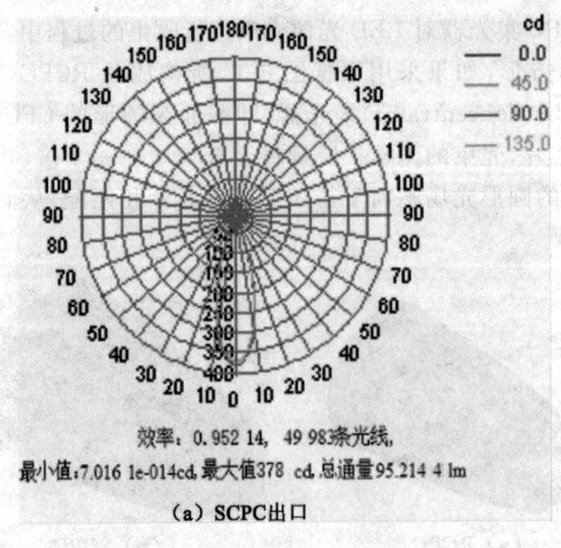

效率：0.952 14，49 983条光线，

最小值：7.016 1e-014cd，最大值378 cd，总通量95.214 4 lm

(a) SCPC出口

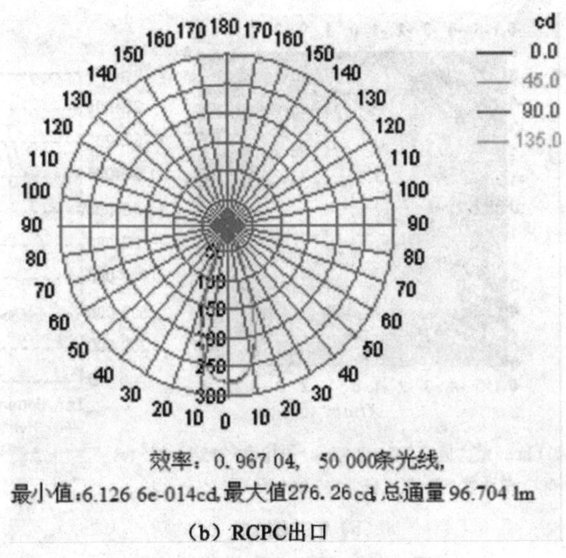

(b) RCPC出口

图 3-33 光强度分布模拟结果图

在以上 SCPC 集光器模型的基础上，将其设置为介质 PMMA(n=1.5)和相同尺寸的实体 SCPC 集光器，用于对同一 LED 光源的光束收集。通过对系统模型进行光线追迹后，在实体 SCPC 集光器出口孔径处得到如图 3-35 所示的光强度分布模拟结果图，并与图 3-33(a)进行对比，

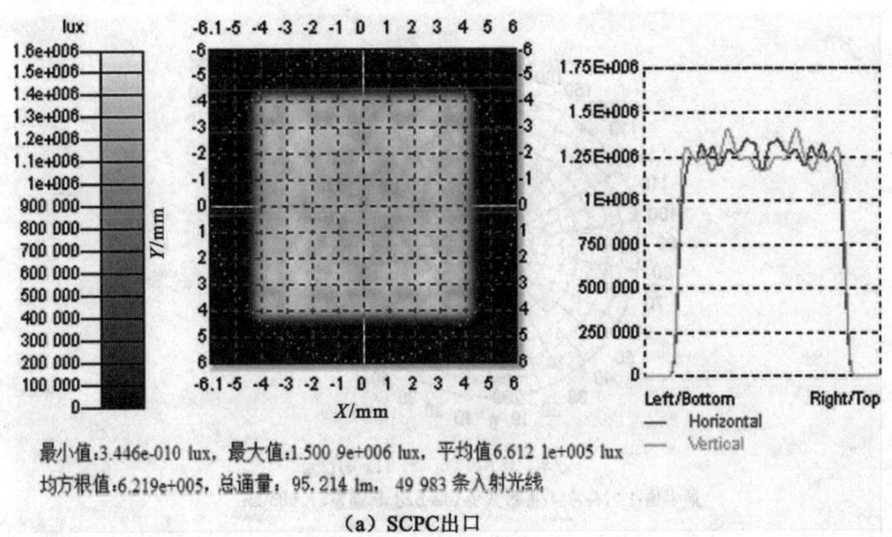

(a) SCPC出口

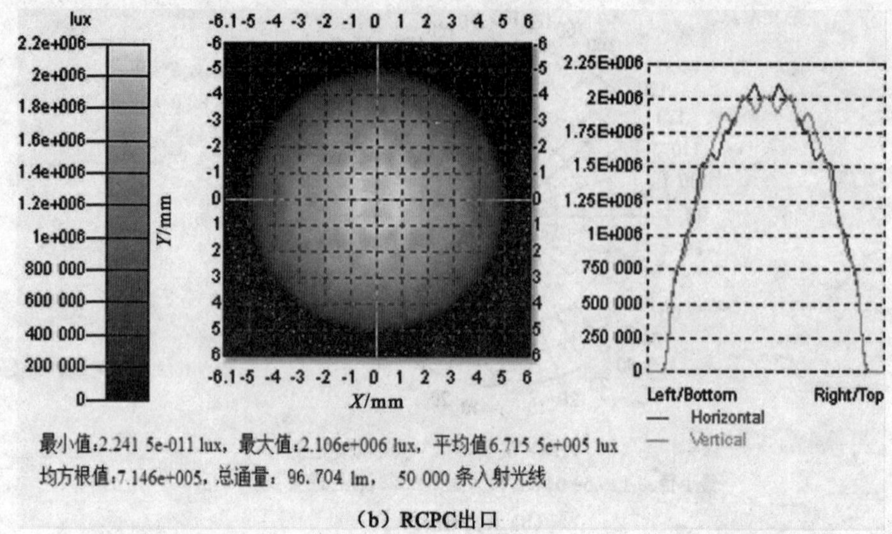

(b) RCPC出口

图 3-34 照度分布模拟结果图

可以看出对于确定尺寸的 SCPC 集光器而言，由于实体 SCPC 集光器的出射光束的数值孔径与其所选用介质的折射率成正比，所以实体 SCPC 集光器增大了出射光束的角度[19]，为后续光学系统设计带来了负担。同时由于在 SCPC 集光器的输入、输出端的菲涅尔反射损耗，其所收集的光能下降 7%。

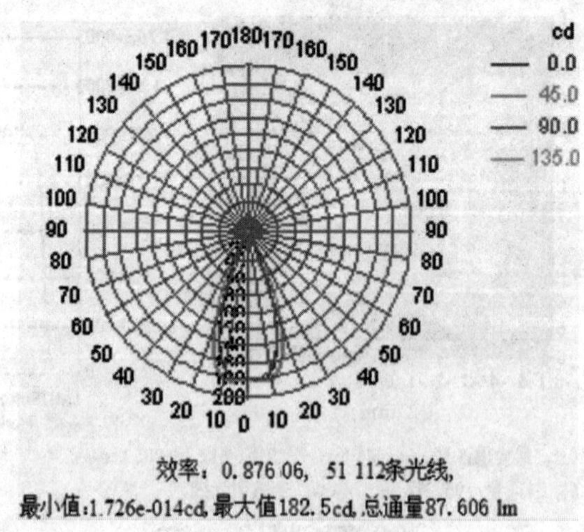

图 3-35 光强度分布模拟结果图（实体 SCPC 出口）

§3.6 TIR透镜模型

在以上利用CPC集光器对LED光源的发光光束进行收集整形的过程中，为了使CPC集光器出射光场满足于矩形显示芯片的照明要求，CPC集光器必须具有一定的工作长度，这一点不利于减小整个投影显示系统的体积。然而考虑到LED发出的光近似朗伯体分布，为了控制LED光线分布，使其满足各种应用场合的特定目标照明需求，仍需要对LED进行二次光学设计[20-22]，即利用反射、折射或折反射混合方式对LED出射光线进行控制，这也是拓宽LED照明功能性和实用性的关键要素，其中以折射方式为主的LED透镜最为突出，而对于常规材料，确定LED透镜表面构造是实施LED二次光学设计的重点。

目前对于LED透镜表面构造主要通过以下两种方法。

1)通过方程求解法[23-26]：即基于照明需求选择照明模式，确定光源发射光源在透镜输入面及输出面之间的某种关系基础上，建立与光线传播相关的偏微分方程，并对方程进行解析或数值求解，然后获得透镜表面各点坐标、斜率或者曲率信息，然后构造LED透镜表面，最终形成LED透镜实体。如2004年P. Bebtiez[23]等人提出的用于处理扩展光源的SMS(Simultaneous Multiple Surface)法，它是建立在输入和输出光束之间的耦合关系之上，来构造透镜中自由曲面的偏微分方程。2010年Yi Luo[24]等人通过将光源能量分布与目标屏上所需能量分布建立能量守恒关系，利用反馈机制对透镜中唯一的自由曲面进行修改，大大提高了矩形照明面的均匀度。

2)通过参数优化方法[27-29]：此方法是指已知LED透镜表面面型结构参数，并通过对其进行数值调整和算法优化，直到最终获得满足照明目标需求的LED透镜的表面结构参数。如2013年Xiaojia Hu[29]等人在设计一种LED道路照明中，采用最小二乘法对透镜表面参数进行优化，并分别分析了路面亮度、照度和光能效率等性能，设计出了具有最佳光能分布的自由曲面透镜。近些年来对于这种设计方式，TRACEPRO、ZEMAX、ASAP等商业光学设计软件都建立了自动优化光学设计功能，用户可根据自己的需要进行设定，但是同时用户也容易受到软件所提供的优化参数个数和评价函数选择的限制。

在以上两种方法构造的LED透镜表面过程中，都涉及到了自由曲面因素。根据目前的研究结果表明[30-32]，为了提高光能利用率和降低成本，自由曲面在 LED 透镜设计方面，表现出传统光学系统无法替代的优势，它在实现光能按照明需求目标分配的同时，还为减小整体系统体积、提高光源光能效率等方面提供了发展的空间，所以自由曲面在 LED 透镜设计中的运用是 LED 二次光学设计发展的必然趋势。

本节采用由非球面构成的 TIR 透镜[33]代替 CPC 集光器，用于收集和整形 LED 光源所发出的光线，其中 TIR 透镜是利用其内壁对于部分入射光线进行全反射后，将出射光线相对入射光线在空间进行重新分布。TIR 透镜优化设计整体程序是在以 Matlab(M)数值分析软件和 Tracepro(T)光学模拟软件为基础建立起来的优化平台上运行，此平台相应的整体框架和功能区分如图 3-36 所示，目的在于以目标屏上形成的照明效果为依据，对 TIR 透镜的内部结构尺寸参数进行优化设计。软件之间可通过其所提供的宏语言功能以及 DDE(Dynamic Data Exchange，动态数据交换)接口功能进行信息交流。

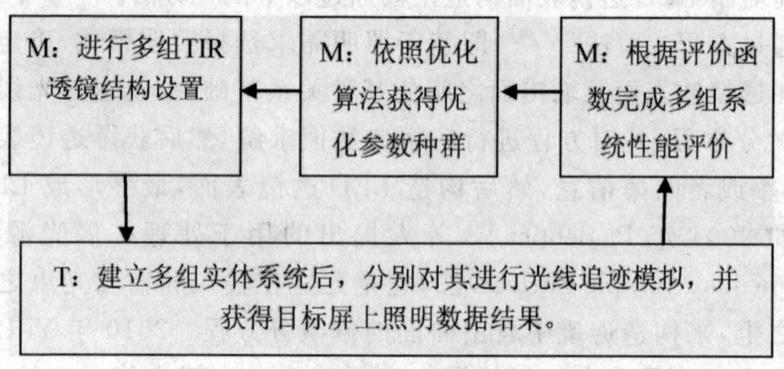

图 3-36　TIR 透镜优化平台整体框架图

§3.6.1　基于光能利用率目标的 TIR 透镜结构优化设计

由于在 TIR 透镜设计过程中，很难建立透镜结构与照明要求的函数关系，因此在本书中主要采用光线追踪和结构优化相结合的方法，首先建立初始结构，再通过模拟仿真对结构进行优化，在实现一定照明效率的前提下，获得能完成照明任务的 TIR 透镜结构。

整个 TIR 透镜结构的优化过程主要分为以下 3 个部分。

3.6.1.1　TIR 透镜结构生成

TIR 透镜的实体形成通道是：根据预先在 Matlab 计算所得到的多条二维曲线信息，首先在 Tracepro 中建立闭合二维曲线形成平面，然后再通过平面旋转得到具有轴对称结构的 TIR 透镜三维实体。本节采用如图 3-37 所示的 TIR 透镜结构,其半横截面闭合曲线共有 7 个区域组成,每个区域的曲线分别由表 1 中的参数进行控制。为了保证最终构成实体,闭合曲线的构成方式为:将曲线以设定方式进行截取,然后将它们以起始点方式进行连接,即前一个曲线的终点,作为下一个曲线的起点。同时为了使经参数控制得到的 TIR 透镜具有实际意义,还需对构成 TIR 透镜的尺寸进行一定限制,如区域 1 处曲线端点 A 与 LED 光源顶端距离为固定值 2 mm;点 X 和点 Y 之间水平距离保持为 3 mm;TIR 透镜在光轴上长度不得超过 8 mm。

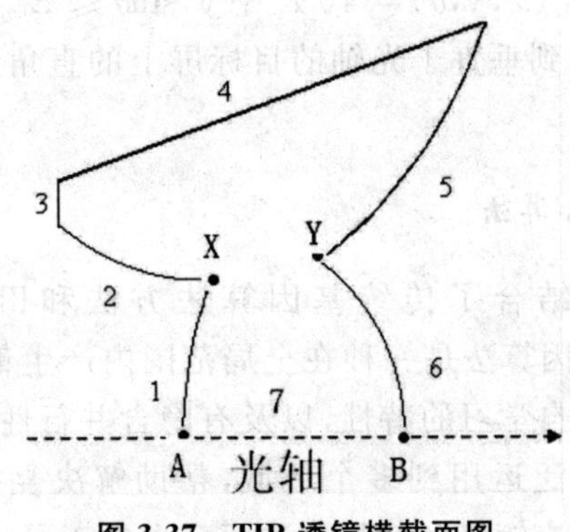

图 3-37　TIR 透镜横截面图

表 3-4　TIR 透镜结构参数变化范围

区域	参数名称	曲线类型	结构参数	变化范围
1	A	圆弧	半径 R_1	2.5～10 mm
2	B	圆弧	半径 R_2	2.5～10 mm
3	无	直线	0.3 mm	无
4	C	直线	直线倾角	10°～30°
5	D	圆弧	半径 R_3	2.5～10 mm
6	E	圆弧	半径 R_4	5～15 mm
7	无	直线	A、B 点间距离	3～6 mm

3.6.1.2　系统性能目标评价

在本书中关于 TIR 透镜性能的评价函数是从系统光能利用率角度出发,由式(3.23)进行描述。

$$\omega = \left(1 - \frac{\phi_{\text{effective}}}{\varphi_{\text{LED}}}\right) \times 100\% \tag{3.23}$$

其中，ϕ_{LED} 为 LED 光源所发出的光通量，$\phi_{\text{effective}}$ 为目标屏上的有效光通量，这是基于考虑到在 LED 照明的实际应用中，光学系统对光束的光学扩展量的限制作用[34]。因此对于目标屏上的有效光通量计算，并不是将所有到达目标屏上的光线都计算在内，而是从二维光学扩展量[34]出发，采用式(3.24)所示的有效光线判断函数 E_{2D}，只有 E_{2D} 小于或等于优化设定值 $E_{\lim}$ 的光线，才可将光线视为有效光线。

$$E_{2D}(x,y,\theta) = 4\sqrt{x^2+y^2}\sin\theta \leqslant E_{\lim} \tag{3.24}$$

其中 x,y 为光线入射到垂直于光轴的目标屏上的直角坐标值，θ 为光线与光轴之间的夹角。

3.6.1.3 HTGA 算法

HTGA 算法是结合了传统基因算法方法和田口方法的混合算法[35-37]，其中传统基因算法是一种在全局范围内产生最优解的搜索算法，具有自组织、自适应、自学习的特性，以及有隐含并行性和全局解空间搜索两大特点，已经被广泛运用到多个领域，帮助解决复杂问题。而田口方法[38,39]是通过利用正交矩阵和信噪比这两个重要工具，即基于正交矩阵规定的实验方案，通过分析实验信噪比结果，对参数进行优化组合得到更加有效的实验方案，是一种得到广泛应用的工业设计方法。

如图 3-38 所示，本书采用处理流程相结合方式，即将田口方法插入到基因算法中的交叉和变异操作之间，在此过程中田口方法可以帮助选择较好的基因形成父代，使新产生的个体性能更为优秀，从而达到加快基因算法的收敛能力和优化能力的目的。

在利用田口方法产生种群的过程中，选择 TIR 透镜结构的 5 个参数作为正交试验因素，并将携带有父代个体信息四组染色体相对应的实数值，作为各因素的 4 个层次对应值，最终构成例如表 3-5 所示的 5 因素 4 层次的正交表。同时在表 2 基础上，构建起用于光学仿真正交试验表 3-5，通过利用 Tracepro 软件对表 3-6 中 16 个 TIR 透镜结构进行光线追迹，获得相应的系统性能评价。

为了最终实现对 TIR 透镜结构参数优化组合，完成各参数层次对比和选择，本书所采用信噪比 E_{ij} 如式(3.25)所示：

$$E_{ij} = \frac{1}{\sum \omega_k} \times 100 \tag{3.25}$$

其中，$\sum \omega_k$ 是指所有包含第 j 个因素的第 i 个层次的试验评价函数值之和，

k 为相应的试验序号。例如：

$$E_{12} = \frac{1}{\omega_1 + \omega_5 + \omega_9 + \omega_{13}} \times 100$$

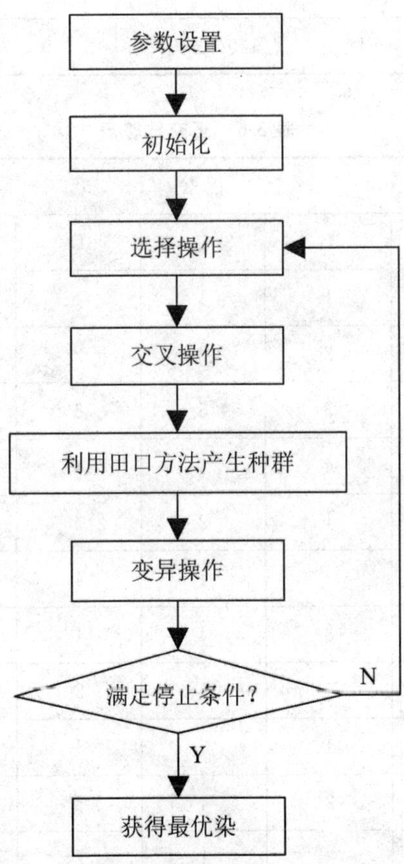

图 3-38　HTGA 算法流程图

表 3-5　5 因素 4 层次的正交表

层次	因素					ω/%
	A	B	C	D	E	
1	4.2	4.2	π/9+π/90	3.7	5.4	63.92
2	3.8	4.4	π/9+π/180	3.5	5.2	64.45
3	4	4.6	π/9	3.3	5	67.03

续表

层次	因素					ω/%
	A	B	C	D	E	
4	4.4	4	π/9+π/60	3.9	5.6	63.35

表 3-6　正交试验表

层次	因素					ω/%
	A	B	C	D	E	
1	1	1	1	1	1	63.92
2	1	2	2	2	2	64.80
3	1	3	3	3	3	67.47
4	1	4	4	4	4	62.98
5	2	1	2	3	4	65.24
6	2	2	1	4	3	64.00
7	2	3	4	1	2	60.85
8	2	4	3	2	1	67.66
9	3	1	3	4	2	67.90
10	3	2	4	3	1	60.76
11	3	3	1	2	4	62.39
12	3	4	2	1	3	65.31
13	4	1	4	2	3	61.28
14	4	2	3	1	4	68.02
15	4	3	2	4	1	66.82
16	4	4	1	3	2	63.72
E_{1j}	0.385 8	0.387 1	0.393 7	0.386 4	0.386 4	
E_{2j}	0.388 2	0.388 2	0.381 1	0.390 8	0.388 3	

续表

层次	因素					ω/%
	A	B	C	D	E	
E_{3j}	0.389 7	0.388 3	0.368 9	0.388 8	0.387 3	
E_{4j}	0.384 8	0.385 1	0.406 6	0.381 5	0.386 3	
$\text{Level}_{\text{optimal}}$	3	3	4	2	2	60.61

图 3-39 是将表 3-5 中结构层次 4 所对应的 TIR 透镜带入系统，并进行 2 千条光线追迹后，在目标屏上所获得的照度分布模拟结果图。由于照度图无法按光学扩展量对光线的有效性进行区分，所以目标屏上的光通量计算是以光线是否到达目标屏为标准。图 3-40 是在同样的模拟条件下，将通过田口方法获得的最优层次组合所对应的 TIR 透镜带入系统进行光线追迹后，在目标屏上所获得的照度分布模拟结果图。通过模拟结果可知：在考虑光线有效性的前提下，相对于表 3-4 中各层次所对应的 TIR 透镜结构组

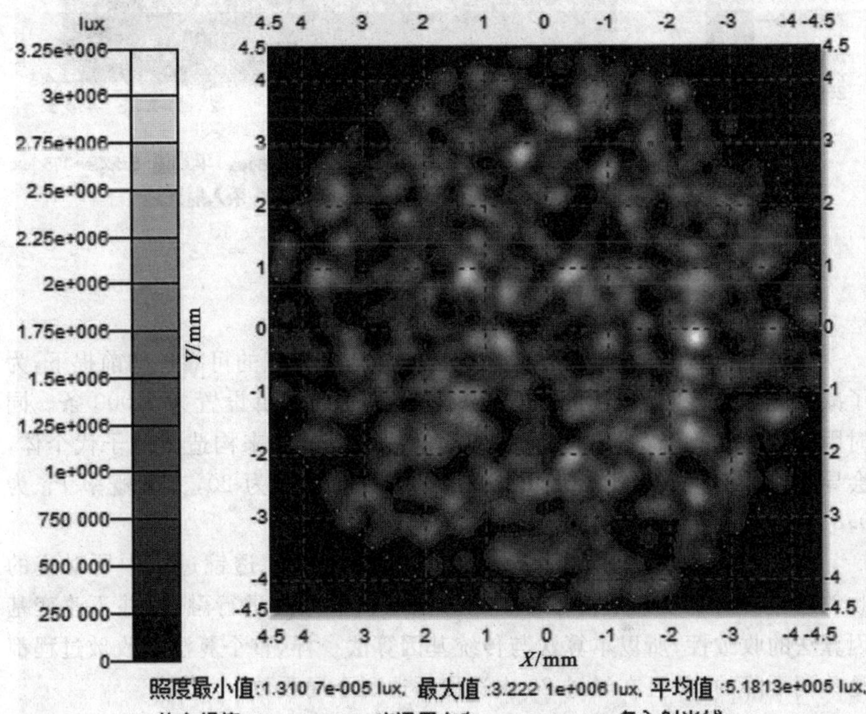

图 3-39　照度分布模拟结果图

合，通过田口方法所获得的TIR透镜结构组合，使系统性能评价函数至少降低了4.3%，这意味着系统光能利用率得到提高，田口方法这一选择参数的优势在层次之间差距加剧的情况下将更加明显。

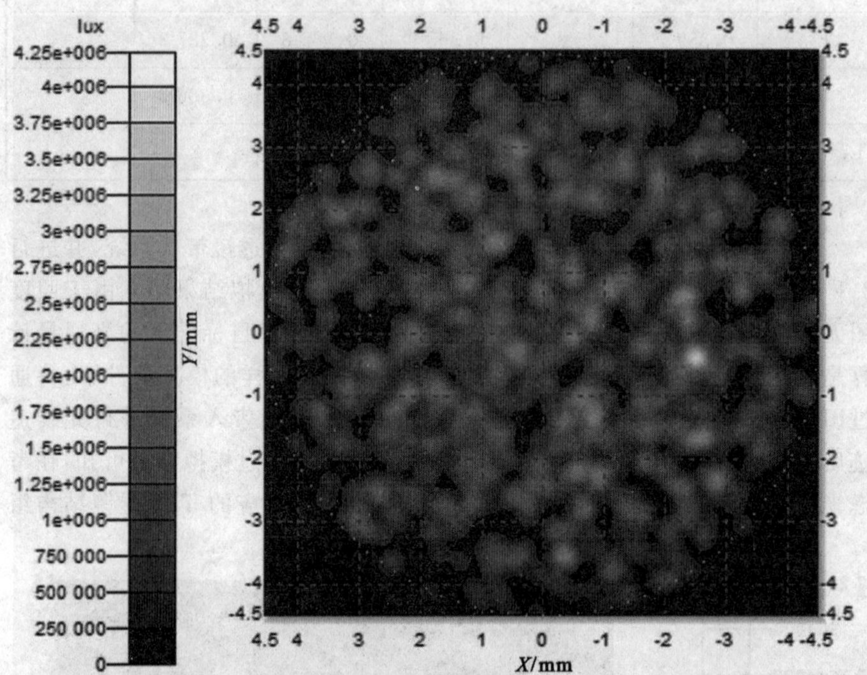

照度最小值:2.086 5e-005 lux, 最大值:4.008 6e+006 lux 平均值:5.552e+005 lux, 均方根值:5.187 8e+005, 光通量之和:44.971 lm 980 条入射光线

图 3-40 照度分布模拟结果图

3.6.1.4 模拟结果

根据本节最初的设计目标，在保证光学追迹模拟的可靠性的前提下，为了减少光学仿真时间，在优化过程中将光源光线数目设置为2 000条。同时因为本书在每个交叉和变异操作之间用田口方法来构造新的子代个体，会导致操作时间的增加，所以本书将种群数量设置为20，交叉概率 P_C 为0.8，变异概率 P_m 为0.2，进化代数为20。

图3-41给出了利用HTGA算法优化设计TIR透镜过程中所对应的收敛趋势。由于本书是将传统基因算法与田口方法进行融合，并不改变基因算法的收敛性，所以本算法与传统基因算法一样，整个算法的收敛过程都是单调下降的，并且在经过20次迭代后达到全局收敛。

图3-42和图3-43分别是最终的TIR透镜结构优化结果在整体系统进行1万条光线追迹后，最后在目标屏上获得的照度分布模拟结果图和光强

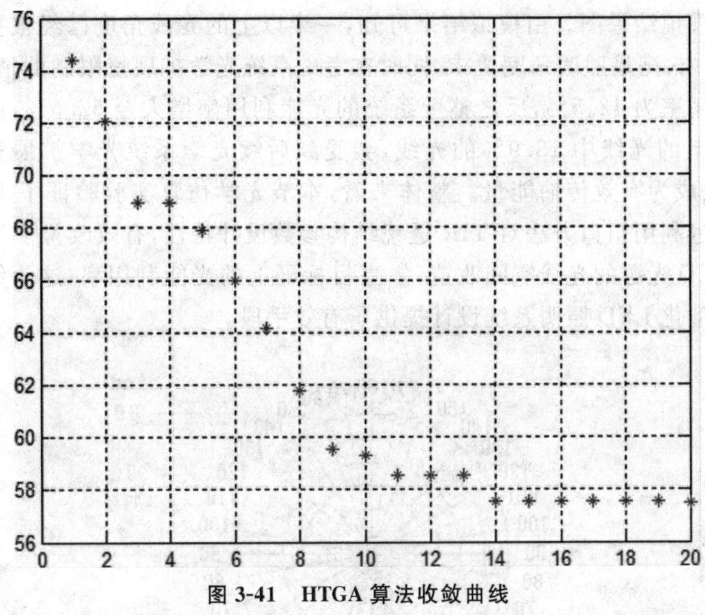

图 3-41　HTGA 算法收敛曲线

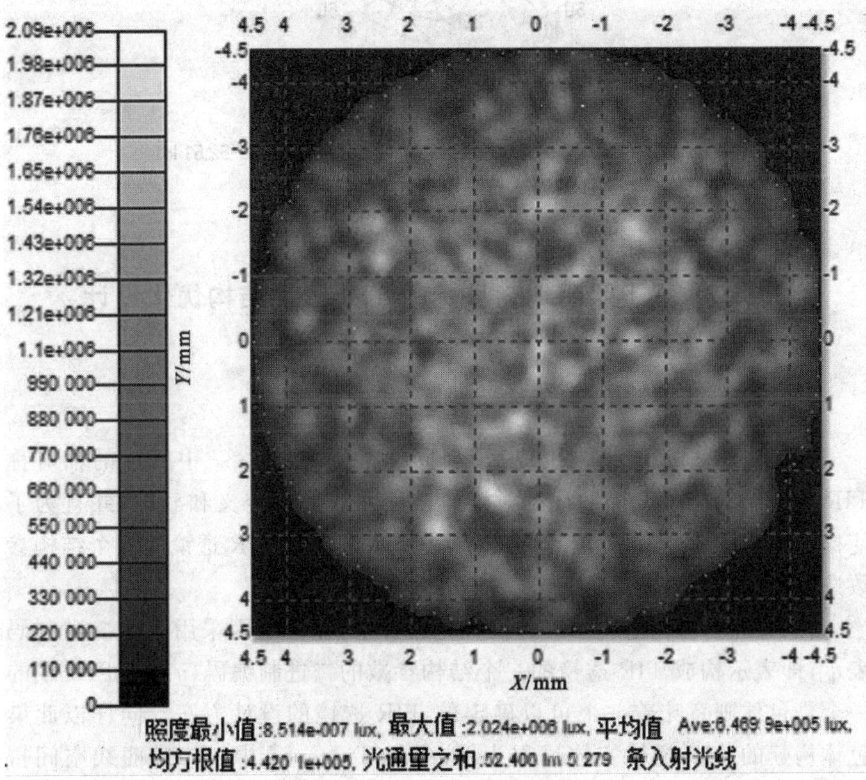

图 3-42　照度分布模拟结果图

度分布模拟结果图。由模拟结果可知，一半以上的光线角度已经被控制在15°范围内，满足照明角度要求，同时在考虑系统光学扩展量限制的情况下，系统利用率为 42.5%，反之整个系统的光能利用率增大至 52.5%，即到达目标屏上的光线中 18.9%的光线，会受到后续光学系统光学扩展量的限制，无法成为有效传输能量。整体来看，本节光学仿真实验验证了 HTGA 算法通过利用田口方法对 TIR 透镜结构参数设计特性，有效改善了 TIR 透镜对 LED 光源的光线空间改造，提高目标屏上的光能利用率，这为结构简单的小型化 LED 照明系统设计提供了有效手段。

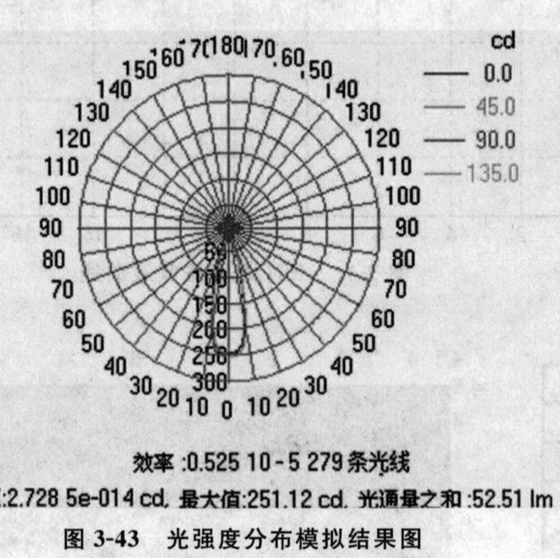

图 3-43　光强度分布模拟结果图

§ 3.6.2　基于照明均匀目标的 TIR 透镜结构优化设计

3.6.2.1　TIR 透镜结构生成

在此 TIR 透镜的结构生成过程，同样采用如图 3-37 中所示的轴对称 TIR 透镜结构半横截面曲线图对半横截面曲线进行定义和截取，并且为了使构建的 TIR 透镜具有实际意义，如表所示还需对 TIR 透镜的五个结构参数选取范围进行一定限制。

在利用遗传算法对 TIR 透镜优化设计中，每个基因采用 8 位二进制码表示，即表示构成 TIR 透镜的一个结构参数的二进制编码，n 个基因构成的一个染色体则意味着一个可以确定的 TIR 透镜的设计方案。同样以此染色体构建的 TIR 透镜实体过程为：首先在 Tracepro 中以二维曲线空间拼接的形式，将此六部分曲线与光轴结合构建平面，然后以此平面绕光轴旋转

360°的方式完成实体建立。

3.6.2.2　系统性能目标评价

由于照明均匀度对照明视觉效应、照明舒适度都有至关重要的作用，是评价照明性能最重要的指标之一，所以本节所设计的 TIR 透镜正是以特定目标屏上获得 LED 均匀照明为目标。即整体照明系统如图 3-44 所示，包含 LED 光源、TIR 透镜和圆形目标屏。其中光源模型发光表面为 2.1 mm×2.1 mm，光通量为 100 lm，考虑到此照明系统的可行性，此系统所需实现的照明要求为：保证距离 LED 光源表面 600 mm 处、半径为 250 mm 的目标屏获得至少 50%以上的光能利用率前提下，实现目标屏上均匀化照明效果。

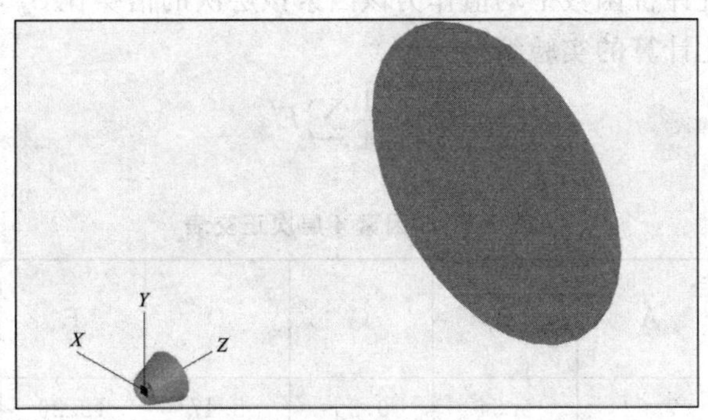

图 3-44　LED 照明系统

所以本节基于目标屏照明均匀度建立系统评价函数。即将目标屏分为 N 个面积相同的同心圆环，计算每个圆环内的照度，则照度样本平均值 $\overline{B}$ 为：

$$\overline{B} = \frac{1}{N}\sum_{i=1}^{N} B_i \tag{3.26}$$

其中，B_i 是第 i 个圆环内的照度样本。最终在评价系统性能时，评价函数 E 则为：

$$E' = \frac{\frac{1}{N}\sum_{i=1}^{N} |B_i - \overline{B}|}{\overline{B}} \tag{3.27}$$

而目标屏上所得照明均匀度则为：

$$U = (1 - E') \times 100\% \tag{3.28}$$

其中，E 值越小说明系统照明效果均匀性越好。

3.6.2.3 HTGA 优化算法

本节中所采用的优化算法仍是将田口方法与传统遗传算法的流程进行结合，具体算法描述如图 3-29 所示，其中在利用田口方法产生后代个体的过程中，由于决定 TIR 透镜结构的参数个数为 5，则构建如表 3-7 所示的 5 因素 4 层次的正交表，其中每个正交实验因素与 TIR 透镜结构参数相对应，而携带有父代个体信息四组染色体相对应的实数值将作为各因素的 4 个层次对应值。

表 3-8 是在表 3-7 基础上形成的正交实验表，其中包含了 16 组 TIR 透镜结构，利用 TracePro 软件每一组数据所对应的照明系统进行光线追迹，获得相应系统评价函数值。并将式(3.29)所计算的第 i 个因素第 j 个层次相对应的系统评价函数平均值作为该因素该层次的信噪比 S_{ij}，其中 k 是参与相应信噪比计算的实验编号。

$$S_{ij}=\frac{1}{4}\sum E'_k \tag{3.29}$$

表 3-7 5 因素 4 层次正交表

层次 \ 因素	A	B	C	D	E	评价函数 E'
1	7.83	5.54	0.35	8.47	12.26	0.58
2	8.27	6.83	0.52	3.08	12.70	0.78
3	2.85	6.13	0.46	8.97	9.60	0.83
4	7.95	7.39	0.41	8.65	7.3828	0.76

表 3-8 正交试验表

实验编号	因素				
	A	B	C	D	E
1	1	1	1	1	1
2	1	2	2	2	2
3	1	3	3	3	3
4	1	4	4	4	4
5	2	1	2	3	4

续表

实验编号	因素				
	A	B	C	D	E
6	2	2	1	4	3
7	2	3	4	1	2
8	2	4	3	2	1
9	3	1	3	4	2
10	3	2	4	3	1
11	3	3	1	2	4
12	3	4	2	1	3
13	4	1	4	2	3
14	4	2	3	1	4
15	4	3	2	4	1
16	4	4	1	3	2

考虑到评价函数对系统照明均匀性的描述方式，在田口方法中进行层次判断和选择时，选择信噪比最小的层次作为该结构因素的层次选择。如图 3 45 图所示，(a)、(b)、(c)、(d)、(e)分别为本次交叉操作中五个结构因素各层次与信噪比关系图，根据信噪比(Smaller-Better)特性，本次交叉操作产生的后代个体层次应为：A(4)；B(1)；C(1)；D(2)；E(2)。将此交叉操作所得后代个体与参与交叉操作的最优个体(第一组)所对应的 TIR 透镜

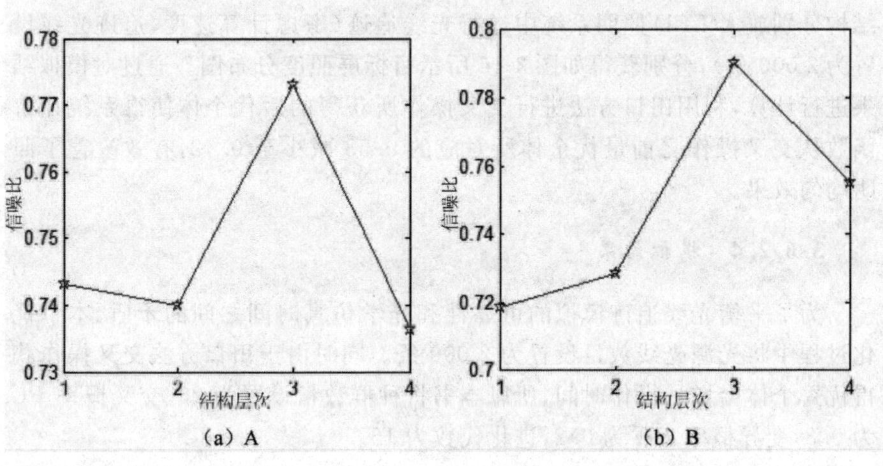

(a) A　　(b) B

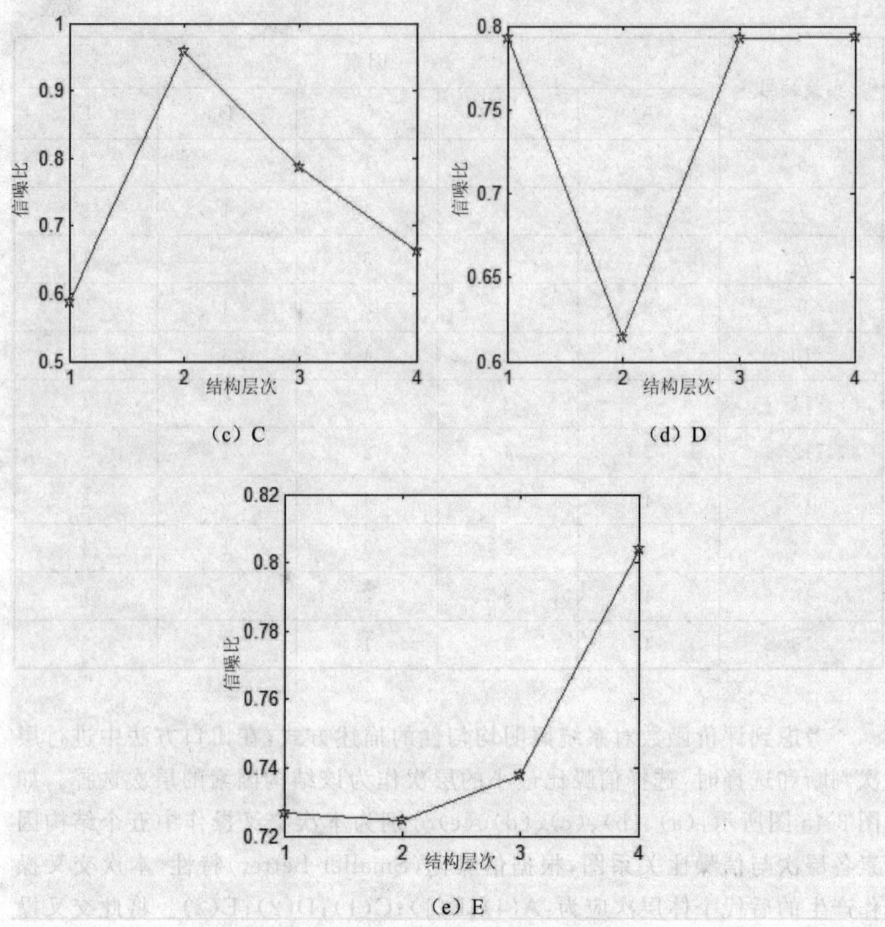

图 3-45 TIR 透镜结构因素的层次与信噪比关系图

结构分别放入 LED 照明系统中进行光线追迹(考虑计算速度,追迹光线设置为 2 000 条),分别获得如图 3-46 所示目标屏照度分布图。通过对模拟结果进行计算,利用田口方法进行交叉操作所获得的后代个体使得系统评价函数从交叉操作之前最优个体所对应的 0.58 减小至 0.42,有效改善了照明均匀效果。

3.6.2.4 模拟结果

为了平衡光线追迹模拟的可靠性和光学仿真时间之间的矛盾,本节优化过程中将光源光线数目设置为 2 000 条。同时由于田口方法交叉操作获得优秀个体会增加操作时间,所以本书将种群数量设置为 20,交叉概率 PC 为 0.8,变异概率 Pm 为 0.2,进化代数为 15。

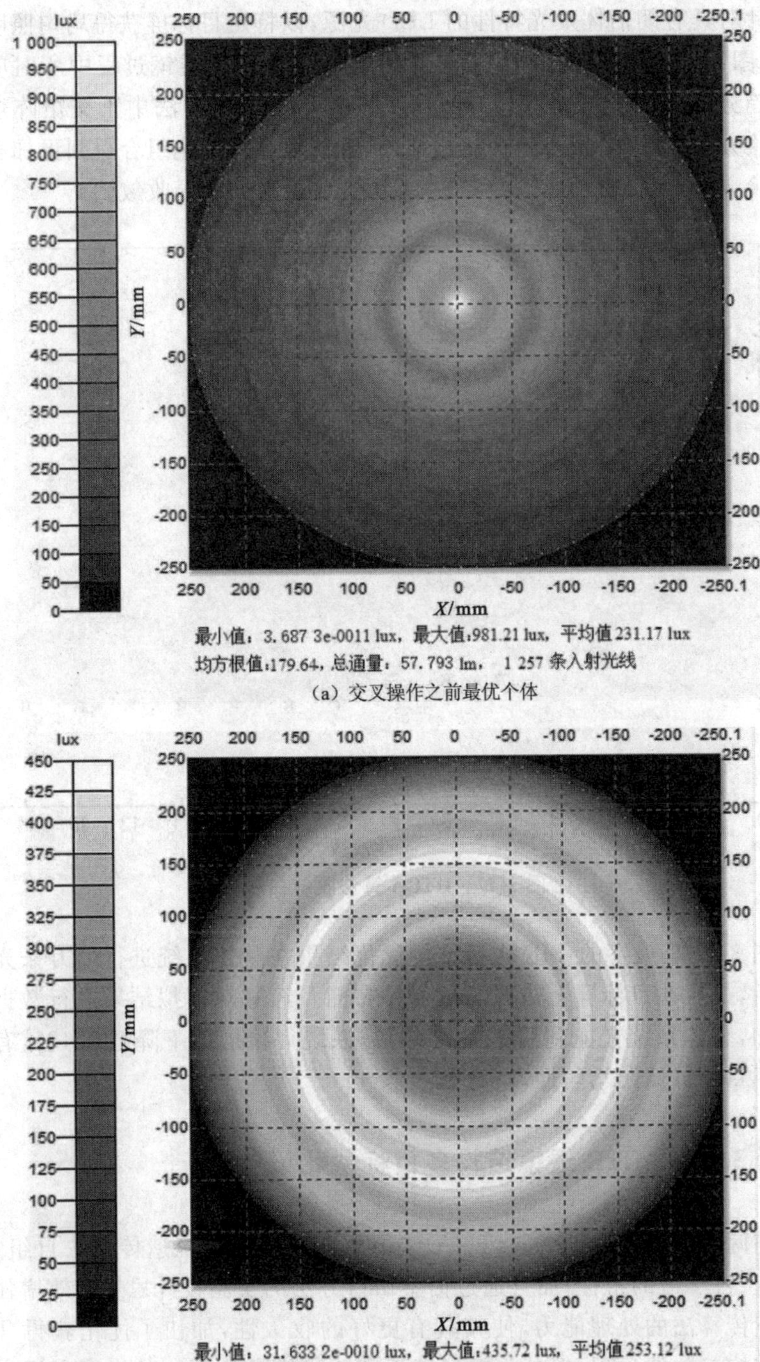

(a) 交叉操作之前最优个体

(b) 交叉操作之后所得个体

图 3-46　目标屏照度分布图

针对具有朗伯体发光特性的 LED 光源,以特定目标屏获得均匀照明为目的,图 3-47 给出了利用 HTGA 算法优化设计 TIR 透镜过程中所对应的收敛趋势,由图中可看出 HTGA 算法正是利用田口方法中正交矩阵规定的实验方案,通过分析实验信噪比结果,对参数进行优化组合得到更加有效的实验方案,使得整个算法在经过 15 次迭代后达到全局收敛。

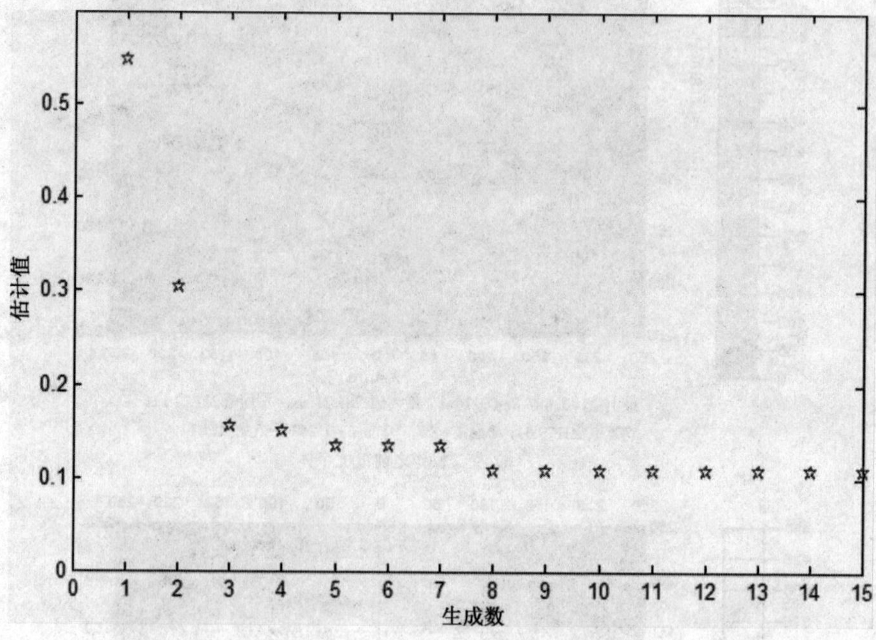

图 3-47 HTGA 算法收敛曲线

图 3-48 是最终的 TIR 透镜结构优化结果在整体系统进行 2 万条光线追迹后,最后在目标屏上获得的照度分布图。经过对模拟结果进行数据分析可知,整体系统光能利用率达到 60%,系统评价函数下降至 0.125,有效改善了目标屏照明均匀性。

§3.6.3 TIR 透镜结构多目标优化设计

前两小节虽然验证了,HTGA 算法不仅发挥了传统遗传算法自组织、自适应、自学习的特性,而且通过借鉴田口方法的实验设计思想有效增强了传统遗传算法的处理能力,使其具有更好的收敛性,加快了优化获得 TIR 透镜结构参数的过程,但是并未将基于照明光束角度限制的光能利用率因素和照明均匀度同时考虑到所构建的评价函数中,所以如何将目标屏上的均匀性与入射光束角度的可控制性相结合,进一步扩展光源 LED 光束整形元件设计的可操控性，需要将目标屏上的均匀性或光线入射形式考虑到评价函数中，实现 TIR 透镜多目标优化目的。

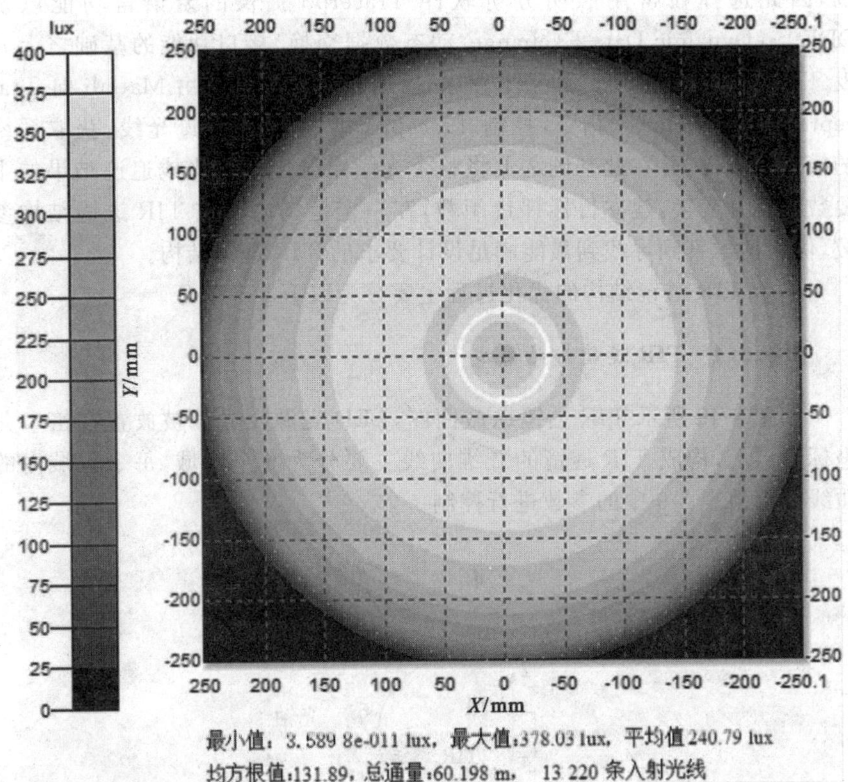

图 3-48　采用最终 TIR 透镜结构的系统照度分布图

为实现具有一定发光面积的 LED 光源发出的光线在一定角度内，以尽可能多的光线入射到具有一定尺寸的目标屏内这一目标，在对 TIR 透镜进行设计时，很难将 TIR 透镜结构与照明要求建立准确的函数关系。在 John Botrz 等人的研究[40,41]中利用 NICOS(Non-imaging Concentrator Synthesis)软件，通过全局优化寻找对于某一特定的 LED 光源具有良好照明效果的 TIR 透镜结构参数。

本节同样采用光线追迹和结构优化相结合的方法，在实现一定光能利用率的前提下，寻找能够完成对 LED 所发光束进行收集和整形任务的 TIR 透镜最优结构。这部分工作与 John Botrz 等人所做的研究不同之处在于，由于对 TIR 透镜结构进行优化设计是针对投影照明应用，所以在对 TIR 透镜结构的评价函数中不仅考虑系统光能利用率，还将目标屏上照明均匀性作为评价函数的一部分。

关于整个 TIR 透镜结构优化软件平台的建立，由于 LED 光源所发光线在被 TIR 透镜收集和整形的过程中，光线行为是属于非序列光线追迹范围，因此选择在常用照明分析软件 Tracerpo 提供的宏语言功能以及 DDE[42] (Dynamic Data Exchange，动态数据交换)接口功能的基础之上开发 TIR 透镜优化模块。其基本程序是：通过 DDE 接口，由 Matlab 向 Tracepro 发送 Scheme[43] 指令，控制 Tracepro 建立实体、追迹光线、获取系统的模拟结果等，并在此基础之上将整个光学系统定义和光线追迹结果的主要数据相互交换，建立目标评价函数，在一定范围内调整 TIR 透镜结构参数，优化搜索直到寻找到最能满足设计要求的 TIR 透镜结构。

整个 TIR 透镜结构的优化过程主要分为以下 3 个部分。

3.6.3.1 TIR 透镜结构生成

如图 3-49 所示 TIR 透镜纵截面图，LED 光源发光面被放置在笛卡儿坐标原点上，构成 TIR 透镜的二维曲线主要分为 6 个区域，每个区域内的曲线分别由表 3-9 中的参数进行控制。

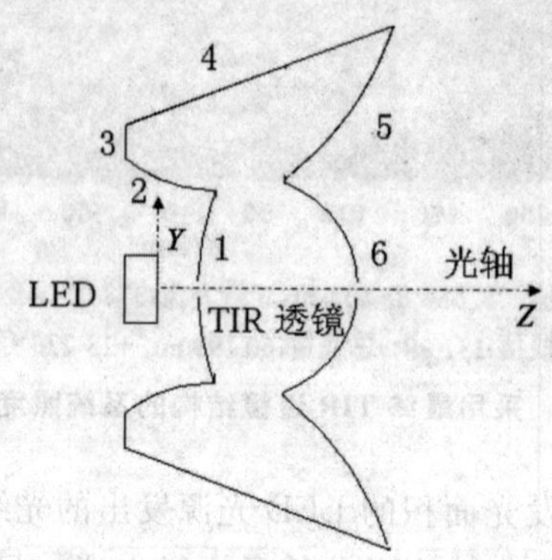

图 3-49 TIR 透镜纵截面图

TIR 透镜截面二维曲线构建顺序如下：

1)根据参数 V_1 至 V_3，构建区域 1 处圆弧 1。

2)根据参数 V_4 至 V_7 构建椭圆圆弧，并绕椭圆圆弧一端旋转 V_8 后，将其平移与区域 1 处圆弧相连接，实现区域 2 处椭圆圆弧的构建。

3)在区域 2 的椭圆圆弧终点(非与区域 1 圆弧相连接的终点)的基础之上延长 V_9，得到区域 3 的直线。

4)根据参数 V_{15} 至 V_{17}，构建区域 6 处圆弧。

5)根据参数 V_{10} 至 V_{13} 构建椭圆圆弧，并绕椭圆圆弧一端旋转 V_{14} 后，将其平移与区域 6 处圆弧相连接，实现区域 5 处椭圆圆弧的构建。

6)在区域 3 构建的直线和在区域 5 处所构建椭圆圆弧的两个终点之间,构建区域 4 内的直线。

表 3-9　TIR 透镜截面结构参数

位置	曲线类型	结构参数
1	圆弧	半径 V_1,圆心位置 V_2,截取位置 V_3
2	椭圆圆弧	椭圆的长短轴 V_4,V_5,椭圆圆弧起始角 V_6,椭圆圆弧终止角 V_7,椭圆倾斜角 V_8
3	直线	长度 V_9
4	直线	具体参数由其他面型确定
5	椭圆圆弧	椭圆的长短轴 V_{10},V_{11},椭圆圆弧起始角 V_{12},椭圆圆弧终止角 V_{13},椭圆倾斜角 V_{14}
6	圆弧	半径 V_{15},圆心位置 V_{16},截取位置 V_{17}

同时为了使通过参数控制得到的 TIR 透镜具有实际意义,还需对所构成 TIR 透镜的尺寸进行一定特殊限制,如区域 1 处曲线构成的曲面与 LED 光源顶端距离不能小于 0.5 mm;TIR 透镜的出口孔径最大不得超过 16 mm;TIR 透镜在光轴上长度不得超过 8 mm。在以上 TIR 透镜结构参数定义的二维曲线基础上,可以在 Tracepro 中建构相应的平面,并通过旋转得到 TIR 透镜三维实体。通过对由 TIR 透镜、LED 光源以及目标屏构成的整体系统进行光线追迹后,根据模拟结果对系统进行性能评价。

3.6.3.2　系统性能多目标评价

由于 TIR 透镜对于 LED 光源光束的收集和整形是针对投影照明应用,所以在确定整个系统性能评价函数时,主要从系统光能利用率和照明均匀性这两个方面考虑的。

对于系统光能利用率 η',是通过到达目标屏上的光通量 ϕ_{screen} 与 LED 光源所发出的光通量 ϕ_{LED} 的比值来描述,即

$$\eta' = \phi_{\text{screen}} / \phi_{\text{LED}} \tag{3.30}$$

其中对于目标屏上的光通量 ϕ_{screen} 的计算,并不是将所有到达目标屏上的光线都计算在内,而是只将满足一定入射角度要求的光线才算为有效光线。

对于系统照明均匀性 U',是将目标屏分为 $m\times n$ 个的方格,计算出每个方格内的照度 B 并作为一个样本后,求出各样本与样本平均值之间的标准误差 S 为:

$$S = \sqrt{\frac{1}{m \times n - 1} \sum_{i=1}^{m \times n} (B_i - \overline{B})^2} \tag{3.31}$$

并将样本标准误差 S 与样本的平均值 $\mathrm{mean}(B_i)$ 的比值作为系统照明均匀性的描述方式，即

$$U' = S/\mathrm{mean}(B_i) \tag{3.32}$$

其中，U' 值越小说明系统的均匀度越高。

一般而言，TIR 透镜结构参数的改变可以导致系统光能利用率和照明均匀性的改变，优化设计的目的是为了得到同时具有较高的光能利用率和照明均匀性的系统，但是经过模拟分析，在 TIR 透镜的优化设计过程中光能利用率和照明均匀性在一定程度上相互影响，因此需要根据实际系统的多目标优化设计要求，建立一个总体的评价函数，以实现二者之间的一种权衡选择，即对于式(3.30)和式(3.32)分别赋于不同的权重 W_1 和 W_2，得到最终的目标函数 M 为：

$$M = W_1 f(\eta') + W_2 U' \tag{3.33}$$

其中，$f(\eta')$是一个以光能利用率 η'为参数的函数，它的选择与具体的优化算法以及实际的可操作性有关，通常的选择是基于可导性以及参数调节容易程度这二个方面进行考虑的。

对于常用的线性搜索算法（如共轭梯度法、牛顿法），以及要求梯度计算的全局优化算法（如自适应模拟退火算法），$f(\eta')$必须是一个关于 η'可导的函数；而对于其他一些不要求梯度计算的优化算法（如模拟退火、基因遗传算法），则对 $f(\eta')$的可导性没有任何要求。参数调节容易程度，主要是指在 $f(\eta')$中调节控制量从而改变 $f(\eta')$性能的方便程度。在本节中考虑到采用基因遗传优化算法作为后续的优化算法，所以选择以下形式的 $f(\eta')$函数：

$$f(\eta') = \begin{cases} 0 & \eta' \geqslant \eta'_0 \\ 1 - \eta' & \eta' < \eta'_0 \end{cases} \tag{3.34}$$

该函数只有一个调节控制量 η'_0，即系统光能利用率的阈值。当光能利用率 η'超过阈值 η'_0 时，目标函数将着重考虑提升光能系统的照明均匀性；而对于较低光能利用率 η'，除了提高光能系统的照明均匀性之外，则可以通过调节权重 W_1 来增加目标函数对光能利用率的重视程度。相对于其他的复杂的函数形式，如 Fermi-Dirac[44] 函数，该函数更具直观性，更方便于计算。

3.6.3.3 优化算法

由于评价函数 M 具有明显的非线性函数关系，为了确保优化求解时的效率，以及在优化过程中减小陷入局部极小值的可能性和摆脱对初始结构

的依赖性，在本节对TIR透镜结构进行优化设计的过程中，采用从自然界衍生得到的基因遗传算法GA(Genetic Algorithm)进行全局优化，寻找TIR透镜的最优结构参数。

GA[45]是美国J. Holland教授在1975年提出的一种随机优化算法，它借鉴生物界进化规律并模拟生物界中的自然选择和遗传机制，直接对结构对象进行操作，通过群体搜索策略和个体间信息的交换进行最优结果的搜索。GA算法以其简单通用、鲁棒性强、隐含并行处理以及高效、实用等显著特点，在优化理论、数值分析等领域得到了广泛应用，取得了良好效果，是以一种重要的智能算法。作为基因遗传算法的基本单元，每个基因表示一个参数的二进制编码，所有参数的基因序列则构成了算法中的染色体。GA算法以随机产生大量染色体构成的初始种群开始，并按照适用度函数对种群中的染色体进行取舍，其选择机制为：保证适应度较高的染色体能够被较多地保留，而适应度较低的染色体则保留较少，甚至被淘汰，这体现了生物界进化过程中的优胜劣汰原则。关于适应度函数有很多种表示的方法，本节中采用的适应度函数$f(M)$为：

$$f(M) = e^{(-M)} \tag{3.35}$$

为了保证染色体基因数不变和交叉后得到的染色体仍在可行性解范围内，把保留下来的染色体看作父代群体，然后按照一定的概率和交叉操作算子，通过父代群体中的两个个体相互之间交换产生两个新的子代。本节中选择在父代的同一基因进行单点交叉操作，其实现过程是：对经过选择操作父代群体中的染色体进行随机选择和配对后，在每一对相互配对的染色体中随机设置某一基因位置作为交叉点，按照一定的交叉概率，在其交叉点处相互交换两个染色体的基因，以产生两个具有父代特征的新染色体。为了进一步维持群体的多样性和防止陷入局部最小值，还需采用变异操作对每个基因赋予一个相对较小的变异率Pm以随机产生染色体，最终用目标函数评价子代染色体，整个过程不断重复，直到通过一定次数的循环或者得到满意解为止。

基因遗传算法的计算流程如图3-50所示，在利用基因遗传算法对TIR透镜的优化设计中，每个基因采用8位二进制码表示，即表示构成TIR透镜的一个结构参数的二进制编码，N个基因构成的一个染色体则意味着一个可以确定的TIR透镜的设计方案。

在使用基因遗传优化算法之后，不再使用其他简单局部搜索算法对优化得到的结果再次进行优化，这主要基于以下几方面原因：首先，本节所选择的$f(\eta')$是一个关于η'连续但并不可导的函数，会大大限制简单局部搜索算法的选择范围；其次，由于TIR透镜的结构参数较多(17个)，用数值差分计算近似目标函数十分不便，同时对于同样的步长，左右偏导数往往正负不一致，比较难以取舍；最后，因为系统模型光线追迹消耗时间较长，至少需要 15 s 左右才能完成一次目标函数计算，无法在较短的时间内完成 TIR 透镜优化设计。

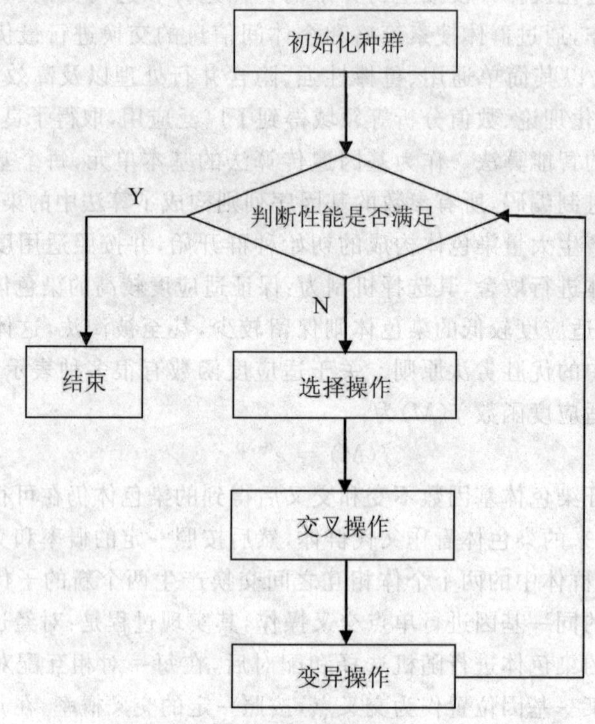

图 3-50　基因遗传算法基本流程图

§3.6.4　模拟结果

在针对 3.2.2 节中 LED 光源模型进行 TIR 透镜结构优化设计过程中，要求 LED 光源发出的光线经过 TIR 透镜的收集后，将 LED 大角度扩展光束中尽可能多的光线压缩到 15°范围以内，并会聚到距离 LED 光源发光面 30 mm 处的方形目标屏(15 mm×15 mm)，同时还要求在目标屏的光场具有一定的照明均匀性。其中 TIR 透镜选用 PMMA(n=1.5)作为透镜材料。

图 3-51 是通过基因遗传算法对初始结构进行优化得到 TIR 透镜优化结果，图 3-52 和图 3-53 分别是对整体系统进行光线追迹后，最后在目标屏上获得的照度分布模拟结果图和光强度分布模拟结果图。通过以上 TIR 透镜模型对 LED 光源的发射光束收集和整形过程的模拟结果，可以看出此

TIR 透镜在一定程度上完成了改善照明均匀性和调整光束角度的任务。经过计算，在考虑到光线角度限制（只将入射角在 15°以内的光线视为有效光线）的情况下，TIR 透镜模型使整个系统实现 67％的光能利用率，如不考虑光线角度限制，整个系统的光能利用率增大至 82％，并且所有光线角度在 20°以内。

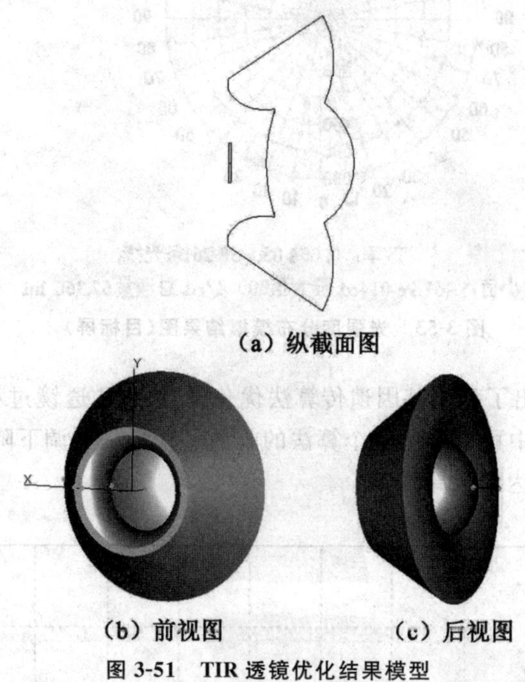

（a）纵截面图

（b）前视图　　（c）后视图

图 3-51　TIR 透镜优化结果模型

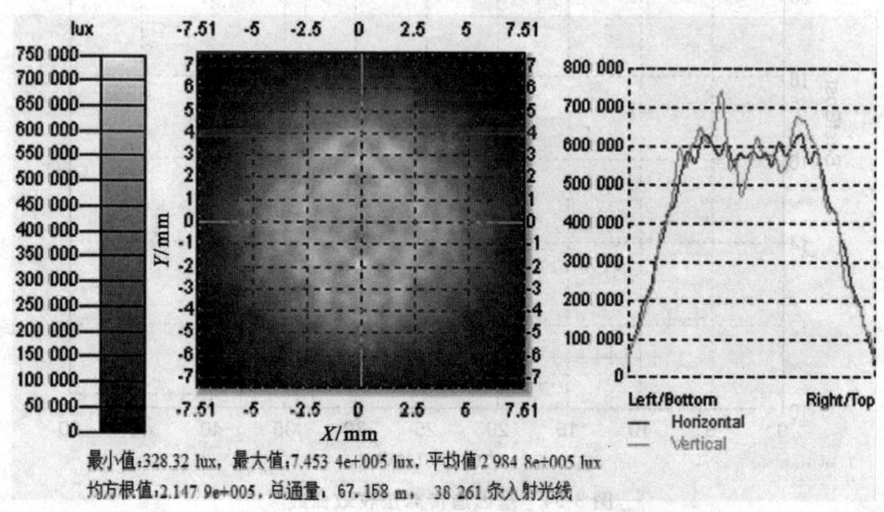

图 3-52　照度分布模拟结果图（目标屏）

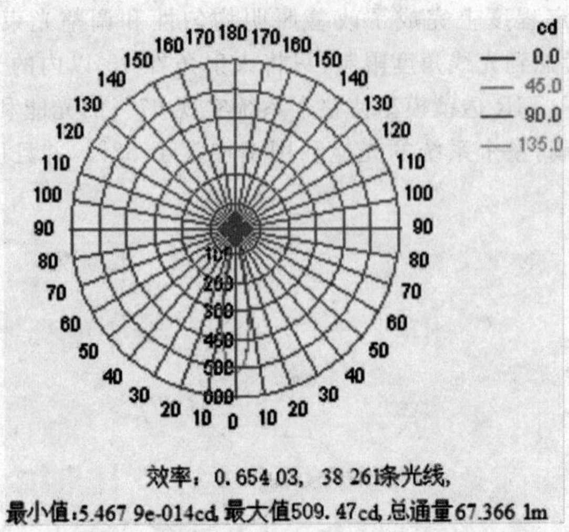

图 3-53　光强度分布模拟结果图(目标屏)

图 3-54 给出了利用基因遗传算法优化设计 TIR 透镜过程中所对应的收敛趋势，从图中可以看出整个算法的收敛过程都是单调下降的，并且在经过 50 次迭代后达到全局收敛。

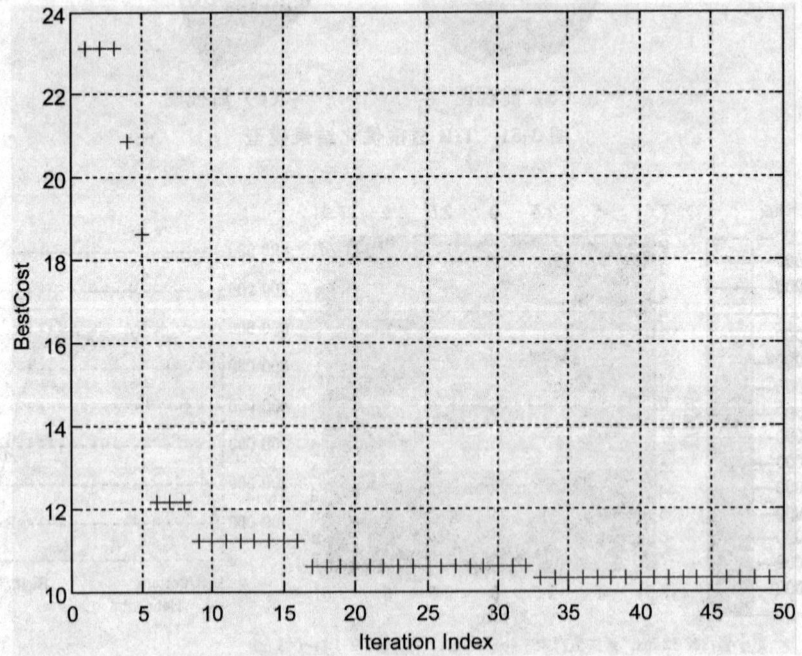

图 3-54　基因遗传算法收敛曲线

§3.7 小结

本章主要是对在投影显示系统中所采用的 UHP 光源和 LED 光源，以及针对这两种光源发光特点所采用的光束收集整形元件进行光线追迹模拟分析，并在此基础上提出对回复反射器和 TIR 透镜的改造方案。在下一步投影显示照明系统整体结构的设计过程中，应进一步根据光源的特点和显示芯片的照明要求，将各光学元件完善地组合起来，以提高投影显示照明系统的整体性能。

参考文献

[1]TracePro 手册[DB/OL]. Lambda Research Corporation，2017. http://www.lambdares.com.

[2]范朝勋. LED 投影发展和趋势述评[J]. 现代显示，2006(12):6-12.

[3]盛益强，方志良，母国光，等. 投影电视的均匀照明系统设计[J]. 光电子·激光，2004，15(4):416-419.

[4]Brennesholtz M S. Light collection efficiency for light valve projection systems[C]. Projection Displays Ⅱ. International Society for Optics and Photonics，1996，2650:71-80.

[5]Wall F，Martin P S，Harbers G. High-power LED package requirements[C]. Third International Conference on Solid State Lighting. International Society for Optics and Photonics，2004，5187:85-93.

[6]Jacobson B A，Gengelbach R D，Stewart C N，et al. Metal halide lighting systems and optics for high-efficiency compact LCD projectors[C]. Projection Displays Ⅳ. International Society for Optics and Photonics，1998，3296:38-46.

[7]孙旭涛，郑臻荣. 超高压汞灯光学扩展量的分析[J]. 光电工程，2004，31(11):63-65.

[8]Li K K，Sillyman S，Inatsugu S. Dual paraboloid reflector and polarization recycling systems for projection displays[C]. Projection Displays Ⅸ. International Society for Optics and Photonics，2003，5002:31-43.

[9]Li K K. Efficient dual paraboloid reflector illumination system for projection display[C]. Modeling and Characterization of Light Sources. In-

ternational Society for Optics and Photonics,2002,4775:124-135.

[10]Kim D S,Sokolov K,Cho K H,et al. Etendue efficient illuminator with a retro-reflecting aperture[C]. Nonimaging Optics and Efficient Illumination Systems. International Society for Optics and Photonics,2004,5529:27-35.

[11]Beniamin A J,Robert D G. Beam-shape transforming devices in high-efficiency projection system[C]. SPIE. 1996,2407(8):48-56.

[12]吕勇,郑臻荣.方棒照明系统的光学扩展量传递分析[J].北京航空航天大学学报,2004,30(6):569-571.

[13]Murat H,Cuypers D,De Smet H. Design of new collection systems for multi LED light engines[C]. Photonics in Multimedia. International Society for Optics and Photonics,2006,6196:619604.

[14]王蔚生,窦晓鸣,黄维实.液晶投影机光棒照明系统的分析与设计[J].光学仪器,2004,26(4):36-40.

[15]Li K K,Sillyman S,Inatsugu S. Light-pipe-based optical train and its applications[C]. Novel Optical Systems Design and Optimization Ⅶ. International Society for Optics and Photonics,2004,5524:186-196.

[16]Ashley T,Dutton D T,Elliott C T,et al. Optical concentrators for light-emitting diodes[C]. Micro-Optics Integration and Assemblies. International Society for Optics and Photonics,1998,3289:43-51.

[17]Welford W T,Winston R. The optics of nonimaging concentrators:light and solar energy[J]. New York,1978.

[18]Krijn M P C M,Salters B A,Willemsen O H. LED-based mini-projectors[C]. Photonics in Multimedia. International Society for Optics and Photonics,2006,6196:619602.

[19]Kudaev S,Schreiber P. Optimization of symmetrical free-shape non-imaging concentrators for LED light source applications[C]. Nonimaging Optics and Efficient illumination Systems Ⅱ. International Society for Optics and Photonics,2005,5942:594209.

[20]Kim B,Kim D C,Park S G,et al. Optimal design of secondary optics for narrowing the beam angle of an LED lamp with a large-area COB-type LED package[J]. Korean Journal of Optics and Photonics,2014,25(2):78-84.

[21]Wang J,Liang Y,Xu M. Design of a see-through head-mounted display with a freeform surface[J]. Journal of the Optical Society of Korea,

2015,19(6):614-618.

[22]Zhang Q F,Gao J,Chen X. Influence of optical aspheric parameters on obtaining uniform rectangular illumination[J]. Optik-International Journal for Light and Electron Optics,2014,125(11):2577-2581.

[23]Gimenez-Benitez P,Miñano J C,Blen J,et al. Simultaneous multiple surface optical design method in three dimensions[J]. Optical Engineering,2004,43(7):1489-1503.

[24]Luo Y,Feng Z,Han Y,et al. Design of compact and smooth free-form optical system with uniform illuminance for LED source[J]. Optics express,2010,18(9):9055-9063.

[25]Kim B C,Kim D W,Kim G H. free-form surface reconstruction method from second-derivative data[J]. Korean J. Opt. Photon,2014,25(5):273-278.

[26]Wang G,Wang L,Li L,et al. Secondary optical lens designed in the method of source-target mapping[J]. Applied optics,2011,50(21):4031-4036.

[27]Bortz J C,Shatz N E,Pitou D. Optimal design of a nonimaging projection lens for use with an LED source and a rectangular target[C]. Novel Optical Systems Design and Optimization Ⅲ. International Society for Optics and Photonics,2000,4092:130-139.

[28]Liu P,Wu R,Zheng Z,et al. Optimized design of LED freeform lens for uniform circular illumination[J]. Journal of Zhejiang University SCIENCE C,2012,13(12):929-936.

[29]Hu X,Qian K. Optimal design of optical system for LED road lighting with high illuminance and luminance uniformity[J]. Applied optics,2013,52(24):5888-5893.

[30]Anh N D Q,Lai M F,Ma H Y,et al. Design of a free-form lens for LED light with high efficiency and uniform illumination[J]. Applied optics,2014,53(29):H140-H145.

[31]Liu P,Zhang Y,Zheng Z,et al. LED surgical lighting system with multiple free-form surfaces for highly sterile operating theater application[J]. Applied optics,2014,53(16):3427-3437.

[32]Ge P,Li Y,Chen Z,et al. LED high-beam headlamp based on free-form microlenses[J]. Applied optics,2014,53(24):5570-5575.

[33]Parkyn W A,Pelka D G. New TIR lens applications for light-e-

mitting diodes[C]. Nonimaging Optics:Maximum Efficiency Light Transfer Ⅳ. International Society for Optics and Photonics,1997,3139:135-141.

[34]Wilm A. Requirements on LEDs in etendue limited light engines [C]. Photonics in Multimedia Ⅱ. International Society for Optics and Photonics,2008,7001:70010F.

[35]Jacobson B A,Gengelbach R D,Ferri J M. Beam shape transforming devices in high-efficiency projection systems[C]. Nonimaging Optics:Maximum Efficiency Light Transfer Ⅳ. International Society for Optics and Photonics,1997,3139:141-151.

[36]Tsai J T,Liu T K,Chou J H. Hybrid Taguchi-genetic algorithm for global numerical optimization[J]. IEEE Transactions on evolutionary computation,2004,8(4):365-377.

[37]Fang Y C,Liu T K,Tsai C M,et al. Extended optimization of chromatic aberrations via a hybrid Taguchi-genetic algorithm for zoom optics with a diffractive optical element[J]. Journal of Optics A:Pure and Applied Optics,2009,11(4):045706.

[38]Tsai J T,Chou J H,Liu T K. Optimal design of digital IIR filters by using hybrid Taguchi genetic algorithm[J]. IEEE Transactions on Industrial Electronics,2006,53(3):867-879.

[39]Chen W C,Lai T T,Wang M W,et al. An optimization system for LED lens design[J]. Expert Systems with Applications,2011,38(9):11976-11983.

[40]Bortz J C,Shatz N E,Pitou D. Optimal design of a nonimaging projection lens for use with an LED source and a rectangular target[C]. Novel Optical Systems Design and Optimization Ⅲ. International Society for Optics and Photonics,2000,4092:130-139.

[41]Bortz J C,Shatz N E,Keuper M. Optimal design of a nonimaging TIR doublet lens for an illumination system using an LED source[C]. Nonimaging Optics and Efficient Illumination Systems. International Society for Optics and Photonics,2004,5529:8-17.

[42] Matlab _ TracePro. [DB/OL]. Lambda Research Corporation, 2017. http://www. lambdares. com/data/Tappnotes/Matlab _ TracePro. pdf.

[43] Scheme[DB/OL]. 2007, http://www. swiss. ai. mit. edu/projects/scheme/index. html.

[44]Prasad S, Torgersen T C, Pauca V P, et al. Engineering the pupil phase to improve image quality[C]. Visual Information Processing Ⅻ. International Society for Optics and Photonics, 2003, 5108: 1-13.

[45]陈国良，王煦法，庄镇泉，等. 遗传算法及其应用[M]. 北京：人民邮电出版社，1996.

第4章　LCOS微投影显示中照明系统设计

随着近年来投影显示产业迅速发展，为了适应市场发展的需要，开发低成本、性能适中、工艺简单的微投影显示系统已成为必然趋势。照明系统作为投影显示系统中的重要组成部分，其作用是对具有一定发光特性的光源所发出的光束，经过一系列光学元件的光束收集和整形作用，使显示芯片获得充分、均匀的照明光场，并使得经过显示芯片调制后的光束顺利通过投影成像系统到达屏幕，以保证投影效果。

在上一章对几种经常应用于投影显示照明系统中的光源发光特性和光学元件进行模拟分析的基础上，本章以基于LCOS显示芯片的微投影显示中照明系统为重点，设计了四套分别采用UHP和LED为照明光源的单片式LCOS微投影显示系统。采用单片式LCOS结构可以有效地减小成本和系统体积，有利于提高系统的便携性，这种结构目前在微投影显示产业中有很大的实用前景。

对所建立的系统模型进行光学追迹后，主要是从系统光能利用率η、均匀度U以及投影显示光学系统体积这三个方面，对所建立的系统模型进行评价和对比，其中系统光能利用率η定义为：

$$\eta=\frac{\text{投影屏幕上的光通量}}{\text{光源发出的光通量}}\times 100\% \tag{4.1}$$

而均匀度U则是对所测面的模拟输出结果，按照图2-18[1]计算这13个圆点区域的照度，并用其中最小照度和中间9点的平均照度之比，来评价系统的照明均匀效果。以下系统在经过光线追迹模拟和计算后，所得到的系统性能参数在系统的实际装配过程中应有所变化。

§4.1　UHP光源系统

目前在投影显示产品中普遍使用的UHP光源，不仅光效高(65～70 lm/W)，在一定的功率下可产生很大的光通量，而且UHP光源的发光弧很短，光学扩展量较小，所以单从光学扩展率而言，UHP光源是满足微投影显示系统对光源高光学扩展率的要求。通常在采用 UHP 光源的投影显示系统中，UHP 光源发出的光是经过色轮滤光形成基色光，而在本节所采用的是如图 1-7 所示具有微型滤色膜[2]的 LCOS 显示芯片作为空间光调制器，即在整体系统设计中采用空间混色的方式实现图像彩色化。

§4.1.1 设计方案 1

4.1.1.1 模型结构说明

采用 3.2.1 节的 UHP 光源模型的设计方案 1 结构如图 4-1 所示，该系统设计思路为：UHP 光源产生的光线首先通过椭球反光碗 ER 和特殊抛物面回复反射器 SPR 的联合收集后，会聚在设置为中空形式的锥形光棒 TLP 的方形入口处；光线通过在 TLP 内的多次反射来实现 TLP 出口处光场均匀化和输出光束数值孔径与后续光学元件相匹配的目的，以满足 LCOS 显示芯片对照明光束的要求，其中为了消除 LCOS 显示芯片边缘的渐晕现象，设置 TLP 输出端面尺寸略大于 LCOS 显示芯片；从 TLP 出射的光束在到达 LCOS 显示芯片之前还需通过平面反射镜构成的转像系统和 2f 系统，前者为了折叠光路、缩小整个系统的体积，后者使用目的在于消除杂散光，将TLP 的输出端面成像在 LCOS 显示芯片上，使其得到充分均匀照明；PBS 分离的 S 偏振光经过 LCOS 显示芯片调制反射后，只有 P 偏振光成分能再次通过 PBS 分离后，由投影镜头投射到屏幕上。此系统整体结构简

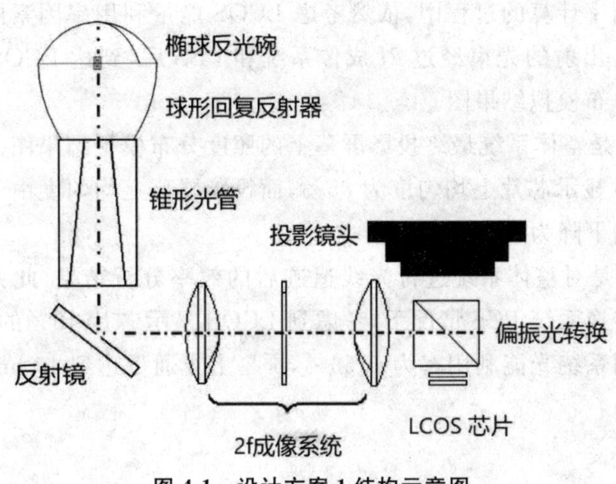

图 4-1 设计方案 1 结构示意图

单、紧凑,光学体积约为 310 cm^3。

表 4-1 是所建立的光学模型的模拟参数设置情况,同时为了减小系统中透镜表面反射引起的光能损失,将透镜的光学表面设置为增透膜,对于材料吸收引起的光能损失,仅根据软件自带材料属性进行计算。

表 4-1　系统模拟参数设置

主要性能参数	单位	数值
UHP 光源光通量	lm	2400
LCOS 芯片尺寸	inch	0.47
LCOS 芯片长宽比		4∶3
投影镜头 F 数		1.72
反射面反射率		97%
屏幕尺寸	mm^2	290＊386

4.1.1.2　模拟结果

为了显现系统中其他光学元件对系统光能利用率的影响,以下对系统进行光线追迹所得到的所有投影屏幕光通量结果,均是在将 LCOS 反射率设置为 100%的情况下所得到的,但是为了真实反映整体系统的性能,在系统光能利用率计算的过程中,依然考虑 LCOS 能量利用率因素的影响。图 4-2 是 TLP 出射的光束经过 2f 成像系统和 PBS 后,到达 LCOS 显示芯片上的照度分布模拟结果图。

图 4-3 是整体系统最终投影屏幕上的照度分布模拟结果图。通过计算得到 LCOS 显示芯片上均匀度为 85%,而投影屏幕上均匀度由于受到投影镜头的影响下降为 82%。

表 4-2 是对整体系统进行光线追迹后的效率分析结果,此方案在没有使用偏振转换系统 PCS 情况下,考虑到 LCOS 显示芯片 10%的反射率,最后计算得到系统光能利用率为 1.66%,屏幕上光通量达到 40 lm。

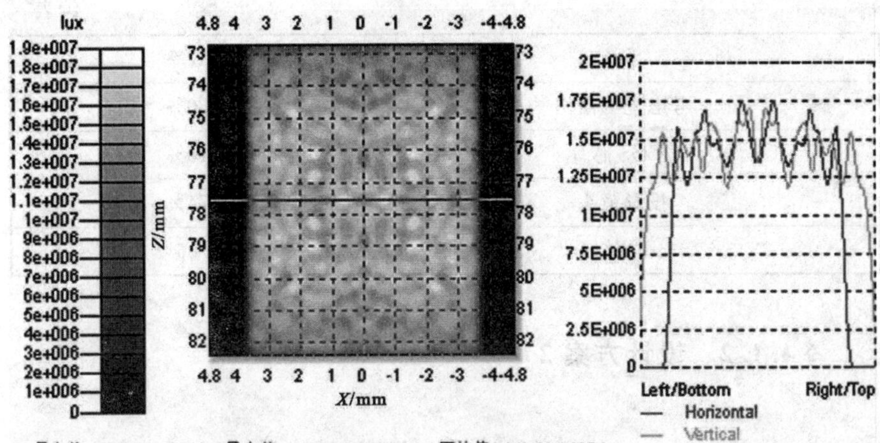

最小值:0.000 181 79 lux，最大值：1. 812 8e+007 lux，平均值1.062 38e+007 lux

均方根值:6.129 3e+006，总通量：979. 04 lm，36 832 条入射光线

图 4-2　照度分布模拟结果图(LCOS 显示芯片)

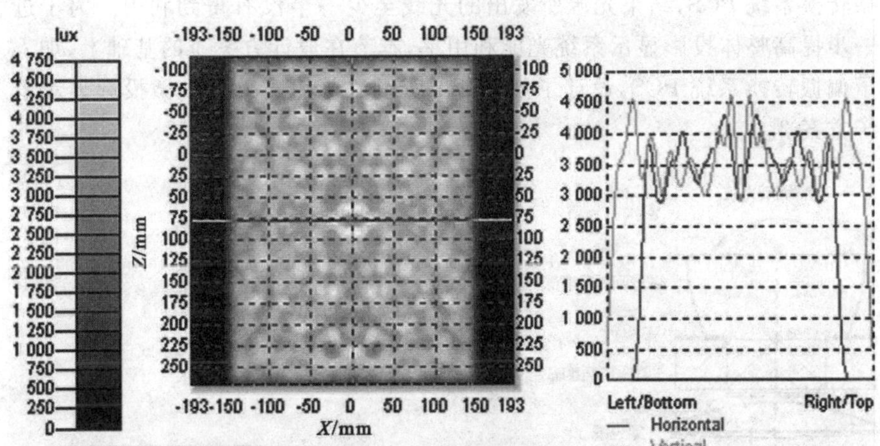

最小值:4.821 4e-007 lux，最大值:4 655.9 lux，平均值2 690.8 lux

均方根值:1 548.3，总通量：400. 92 lm，23 388 条入射光线

图 4-3　照度分布模拟结果图(投影屏幕)

表 4-2　效率模拟结果

系统	效率
UHP 光源收集	94%
锥形光管	80%
2f 成像系统	87%
PBS	43%

续表

系统	效率
考虑光场溢出	80%
LCOS 芯片	10%
投影镜头	74%
总体	1.66%

§4.1.2 设计方案 2

4.1.2.1 模型结构说明

在设计方案 1 中为了减小整个系统结构体积，系统设计中并未考虑偏振转换系统 PCS，结果光源所发出的光线至少一半没有得到利用。为了进一步提高整体投影显示系统光能利用率，本节在设计方案 1 的基础上，加入了偏振转换系统 PCS，设计了如图 4-4 所示的单片式 LCOS 微投影显示系统方案 2。

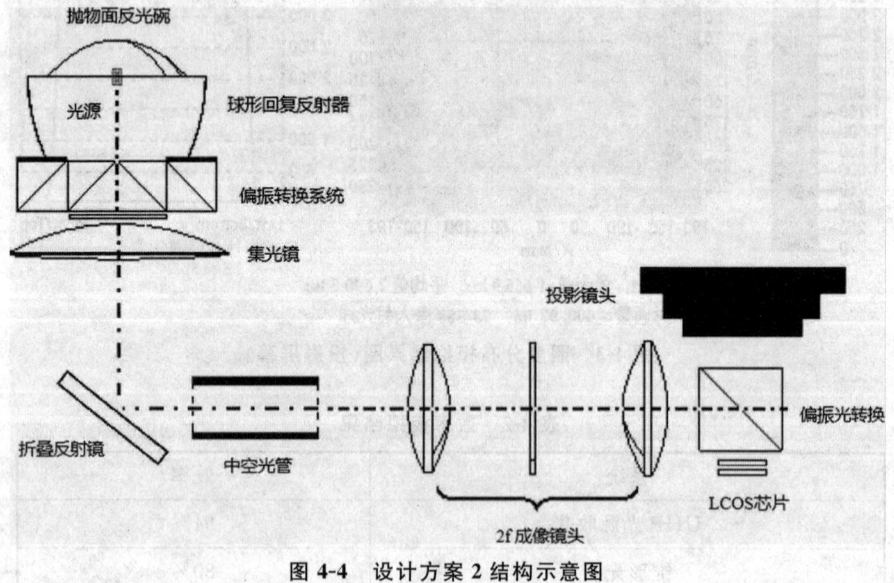

图 4-4 设计方案 2 结构示意图

从图 4-4 中可以看出，设计方案 2 与方案 1 在结构上的主要区别是：在方案 1 中用于收集 UHP 光源所发出光线的椭球反光碗 ER，在方案 2 中被抛物反光碗 PR 所代替，此时放置在抛物反光碗的焦点处的 UHP 光源所发出的光线被 PR 与 SPR 联合收集，并大部分以近似平行光方式出射，进入放置在 SPR 出口处的由 PBS 组成的偏振转换系统 PCS，才可将入射光高效转化为具有同一偏振态的 S 偏振光，才有利于提高整体系统的光能利用率。除此以外，方案 2 中后续光学系统基本上是在方案 1 的基础上略作改进得到的：经过偏振转换得到的 S 偏振光在具有与投影镜头相同 F/♯的会聚透镜（Condenser Lens）作用下，会聚到设置为中空的方形光棒 HLP（Hollow Light Pipe）输入端面上，之后经过 HLP 内壁对光线的多次反射混光作用，实现 HLP 输出端面处光场均匀化目的，其中方棒端面尺寸略大于 LCOS 显示芯片；最后通过 2f 系统将 HLP 输出端面成像到 LCOS 显示芯片上，完成对其的充分均匀化照明。由于在系统中加入 PCS 用于提高系统的光能利用率，系统光学体积则加至 700 cm^3。

为了减小使用偏振转换系统 PCS 带来的光束光学扩展量变大的不利影响，如图 4-5 所示在 PCS 结构设计中，将面 1 和面 2 设置为通光区域，从 SPR 出射的光线进入此区域，将会直接进入偏振转换系统；将面 3、4 设置为反射区域，当 SPR 出射的光线入射到这一区域时，将被反射回抛物反光碗，经过在反光碗和回复反射器之间多次反射后，直到其进入通光区域后才进行偏振转换。

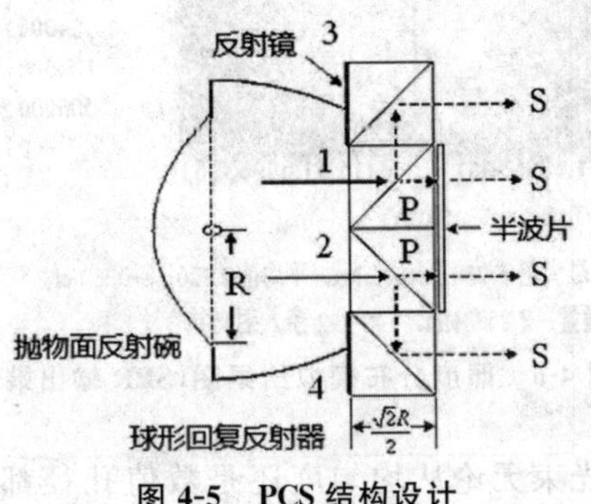

图 4-5　PCS 结构设计

在对此 PCS 外形尺寸设计中，过度减小其尺寸，会使得反射区域在 SPR 出射口处面积比例增大，造成更多的光线在 PR 和 PCS 之间来回反射损失光能；过度的增大偏 PCS 的尺寸，不仅会加整体系统的体积和成本，也为后续光学元件设计增加负担，因此在本节中为使更多光线一次性通过 PCS，将 PCS 体积 V_{PCS} 设置为：

$$V_{PCS} = \frac{\sqrt{2}R}{2} \cdot \sqrt{2}R \cdot 2\sqrt{2}R \tag{4.2}$$

其中，R 为抛物反光碗出口处的半径。

4.1.2.2 模拟结果

在单片式 LCOS 微投影显示系统设计方案 2 中也采用表 4-1 中对系统参数进行设置。图 4-6 和图 4-7 分别是在 SPR 输出端设置观察面所得到的照度分布模拟结果图和光强度分布模拟结果图,从两图中可以看出 UHP 光源所发出的光线经过 PR 和 SPR 的联合收集作用后,在 SPR 输出端获得非均匀的圆形光场,并且光束以近似平行光的方式出射,减小了下一步 PBS 膜的角度选择性对光场分布的影响。图 4-8 是 PCS 输出端设置观察面得到的照度分布模拟结果图,与图 4-6 进行对比,可以看出经过 PCS 系统的偏振转换作用圆形光场从中心部分扩展到两边,在一定程度上改善了光场均匀性和减轻了后续均匀光学元件的压力。

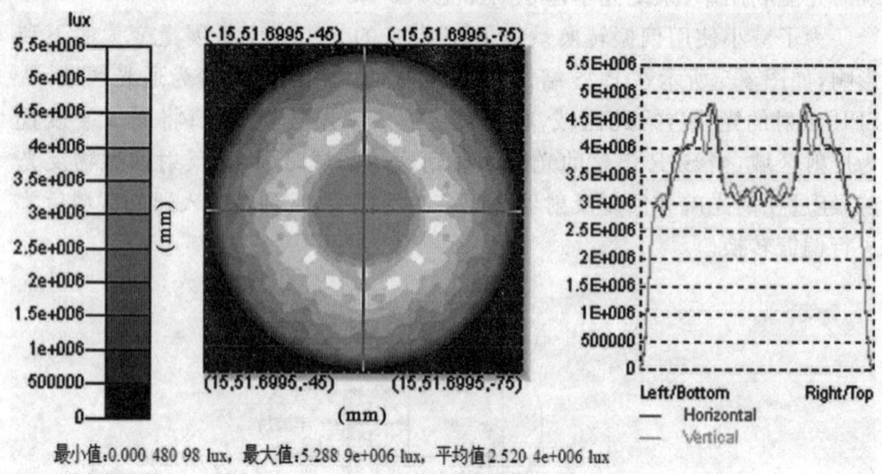

图 4-6 照度分布模拟结果图(SPR 输出端)

从 PCS 出射的光束无论从均匀度还是数值孔径都不能满足 LCOS 照明光束的要求,必须经过会聚透镜和方形光棒的联合光束整形。图 4-9 是在方形光棒的输出端获得的光场分布,已经满足 LCOS 显示芯片对照明光束的要求。

图 4-10 和图 4-11 分别是 LCOS 显示芯片和投影屏幕上的照度分布模拟结果图,经过计算其均匀度分别为 96%和 90%。表 4-3 是对设计方案 2 整个系统进行光线追迹后效率分析结果,与方案 1 效率相比,由于在方案 2 中增入了偏振转换系统 PCS,整个系统光能利用率提高至 2.15%,屏幕上的光通量提高了 28%,实现了提高系统光能利用率的设计目的。

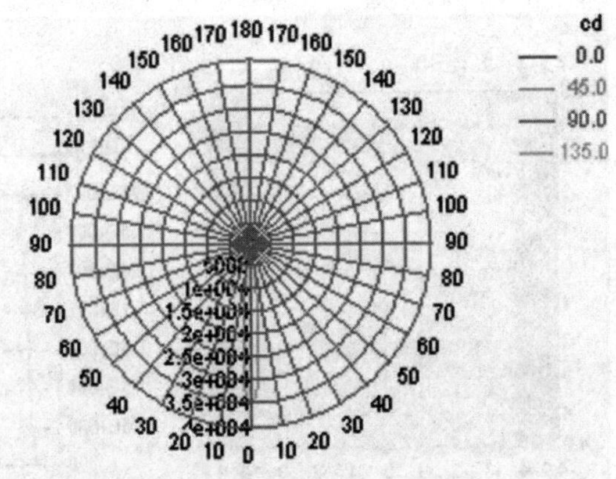

图 4-7 光强度分布模拟结果图(SPR 输出端)

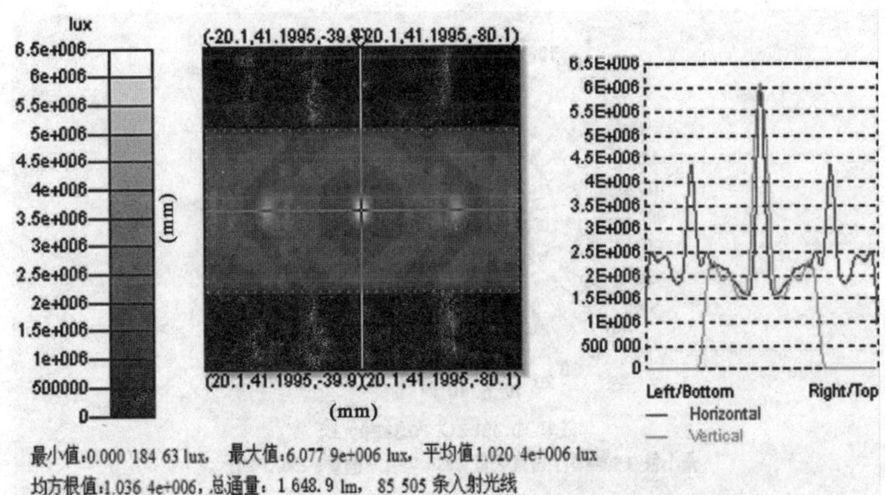

图 4-8 照度分布模拟结果图(PCS 输出端)

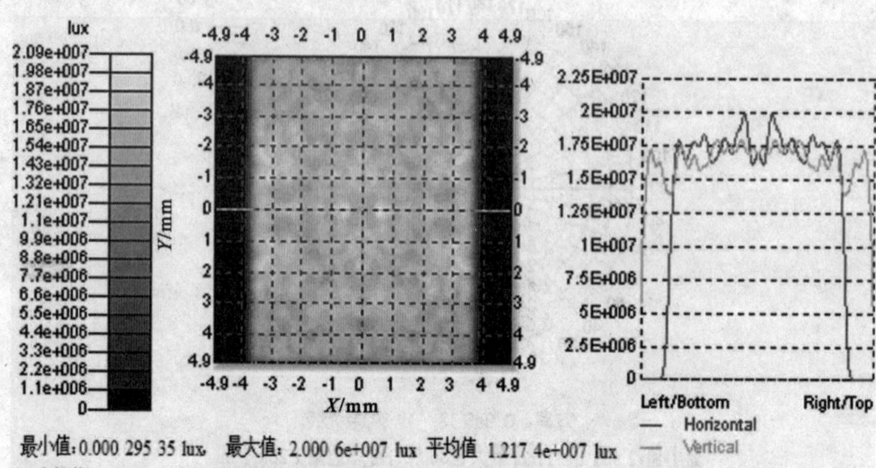

（a）照度分布模拟结果图（HLP输出端）

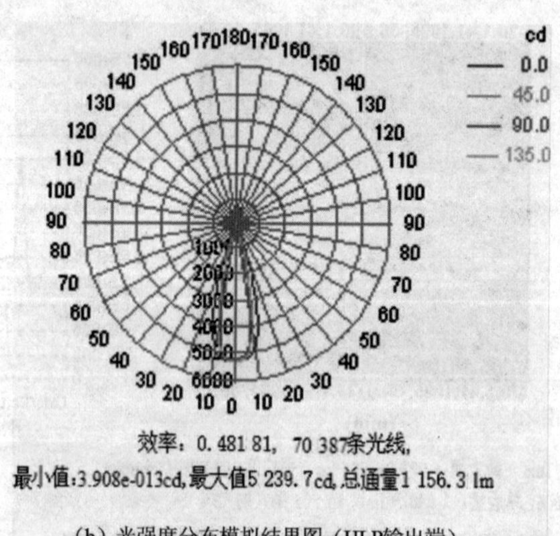

（b）光强度分布模拟结果图（HLP输出端）

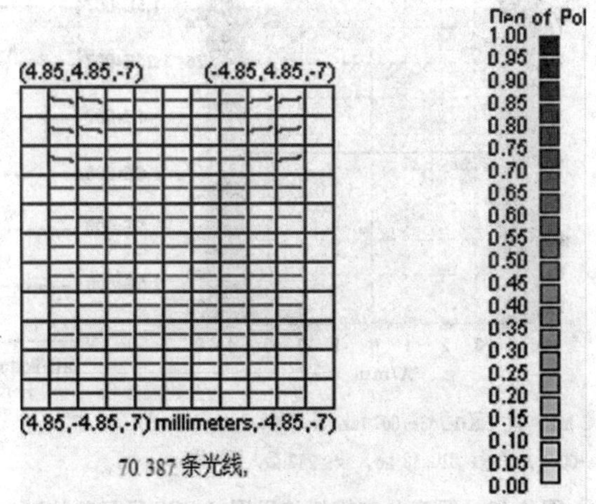

(c) 偏振态模拟结果图（HLP输出端）

图 4-9　HLP 输出端模拟结果

表 4-3　效率模拟结果

系统	效率
UHP 光源收集	94%
PCS	72.6%
中空光管	69%
2f 成像系统	87%
考虑光场溢出	86%
LCOS 芯片	10%
PBS	76%
投影镜头	80%
总体	2.14%

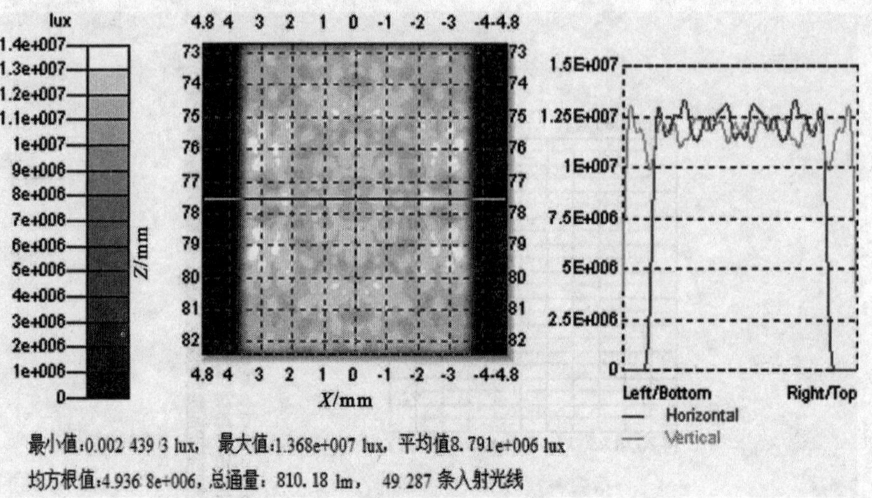

图 4-10 照度分布模拟结果图(LCOS 显示芯片)

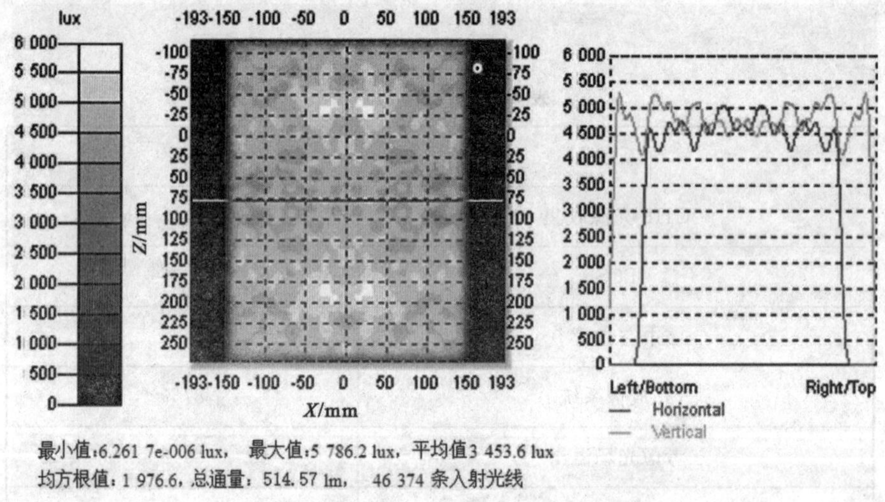

图 4-11 照度分布模拟结果图(投影屏幕)

§4.1.3 小结

在采用 UHP 作为照明光源的单片式 LCOS 投影显示系统设计方案 1、方案 2 中,将 SPR 分别与 ER 和 PR 相联接用于收集光源所发出的光线,使光线分别以会聚和近似平行的方式进入后续光学系统。经过比较,方案 1 具有结构紧凑、体积小的优势,但光能利用率仅为方案 2 的 77%,而方案 2

在体积上仍需改进。

§4.2　LED 光源系统

1962 年美国通用电气公司的 Holonyak 博士用化合物半导体材料磷砷化镓研制出第一批实用发光二极管，但是当时 LED 光源的光效太低，一直无法获得社会重视。随着几十年的光源技术发展，LED 光源在发光功率和性能上的突破，使其成为最具有潜力的照明光源。表 4-4 是与 UHP 光源相比，LED 光源所具有的优势。

表 4-4　LED 与 UHP 光源的比较

<table>
<tr><th>参数</th><th>LED 光源</th><th>UHP 光源</th><th>LED 光源的优势</th></tr>
<tr><td>寿命（小时）</td><td>$>2\times10^4$</td><td>$2\times10^3\sim6\times10^3$</td><td>有利于降低维护费用</td></tr>
<tr><td>光谱范围</td><td>可见光</td><td>可见光，UV/IR</td><td rowspan="3">利用 LED 响应速度高优点，迅速切换三基色 LED，在无需分色装置的作用下达到色平衡</td></tr>
<tr><td>色饱和度</td><td>高</td><td>低</td></tr>
<tr><td>响应时间</td><td><1 ms</td><td>>1 min</td></tr>
<tr><td>热辐射</td><td>小</td><td>大</td><td>对系统散热要求较低</td></tr>
<tr><td>环保</td><td>符合环保标准</td><td>含高汞气压</td><td>符合市场需求趋势</td></tr>
</table>

从上表中可以看出，在投影显示系统设计中采用 LED 作为光源，可以解决 UHP 传统光源所带来的光源寿命短、发热高、发紫外光等问题，但是在很长一段时间，LED 一直受到自身亮度的限制，无法在投影显示领域得到广泛应用。近年来，随着大功率 LED 出现，具有体积小、寿命长、色彩饱和度高等优势的 LED 微投影显示系统设计越来越受到更多的关注。

LED 作为投影显示系统光源可以采用两种方式：一种是分别采用不同数量的红、绿、蓝三基色 LED 作为光源；另一种是直接采用白光 LED 作为光源。在本节 LED 微投影显示系统设计中采用前一种方式，即时间混光的方式实现图像彩色化，通过用一定频率的时钟信号驱动光源，以配合 LCOS 显示芯片电路运作，再利用人眼的特性，将依次产生的红蓝绿光脉冲合成为彩色。由于在光线追迹过程中无法对时续混色过程进行模拟，所以屏幕上得到的光通量模拟结果，是 RGB LED 光源发出的光线同时到达投影屏幕上光通量的总合。

§4.2.1 LED 光源投影显示产品简介

虽然将 LED 光源用于投影显示系统照明方案的设想早在 1997 年就被提出相关专利，但是将其应用于实际投影显示产品中，还仅在近几年取得了一定的进展[3,4]。在美国“2005CES”展会上，有不少厂商推出了采用 LED 作为光源的投影显示样机。TI 公司展出了由三菱电机试制的一款使用三基色 LED 作为光源的小型 DLP 投影机，它是通过快速切换三基色 LED 的开关状态起到色轮的作用，并在结构上实现了小型化设计，尺寸为 123 mm×47 mm×97 mm，重量只有 400 g，最终屏幕上亮度达到 250 lux。2005 年 11 月，三洋电机又推出了使用单板透过式 LCD 面板的 LED 光源投影机，它采用了 1.5 英寸带彩色滤色片的单片 LCD 面板，像素数大约为 11 万，使用的光源为红、绿、蓝 LED 各 2 个，总功率为 18 W，产品亮度达到 12 流明。从目前趋势来看，LED 光源将会带来更完美的色彩表现和实现真正意义上的随时随地投影效果。

§4.2.2 设计方案 3

4.2.2.1 模型结构说明

以 LED 光源为照明光源，单片式 LCOS 微投影显示系统设计方案 3 的结构示意图如图 4-12 所示，其光源模型是以 OSRAM 生产的 Ostar Projection

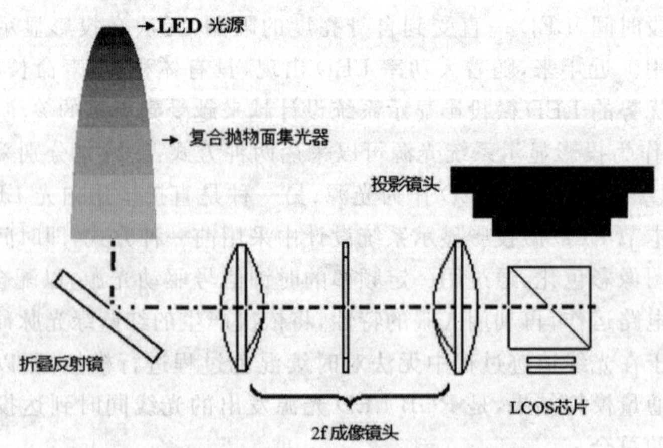

图 4-12 设计方案 3 结构示意图

系列产品中，由红、绿、蓝三色组成的六晶片 LED 作为原型，图 4-13 是 LED 发光面的发光 RGB 图。由于此 LED 光源采用的是具有朗伯体发光特性的纯表面发光芯片，它所发出的光线大部分集中在 60°范围内，所以为了满足本投影显示照明系统中 LCOS 显示芯片 16°照明光束角度的要求，在方案 3 中采用较易加工的实体方形复合抛物面集光器 SCPC 作为 LED 所发光线的收集和整形光学元件，并通过 2f 系统将 SCPC 输出端面与 LCOS 显示芯片相连接，整个光学系统体积约为 265 cm^3。表 4-5 和表 4-6 分别是对 LED 光源和系统参数的设置。

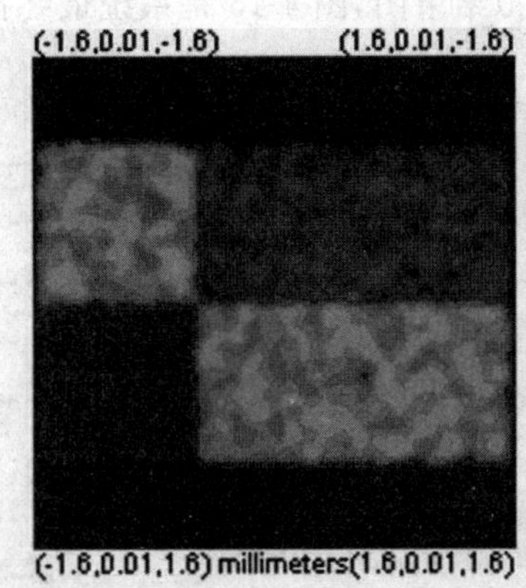

图 4-13 LED 发光面的发光 RGB 图

表 4-5 LED 光源模拟参数设置

参数	R	B	G
波长/nm	617	464	525
LED 数目	2	1	3
光通量比例	0.408	0.045	0.547
LED 尺寸/mm^2	6.72		
总通量/lm	270		

表 4-6 系统模拟参数设置

主要参数	单位	数值
LCOS 芯片尺寸	inch	0.55
LCOS 芯片长宽比		16∶9

续表

主要参数	单位	数值
投影镜头 F/#		1.72
屏幕尺寸	mm^2	279×495

4.2.2.2 模拟结果

图 4-14 是 SCPC 出射的光束经过 2f 成像系统和 PBS 后，到达 LCOS 显示芯片的照度分布模拟结果图，图 4-15 是系统最终投影屏幕上的照度分

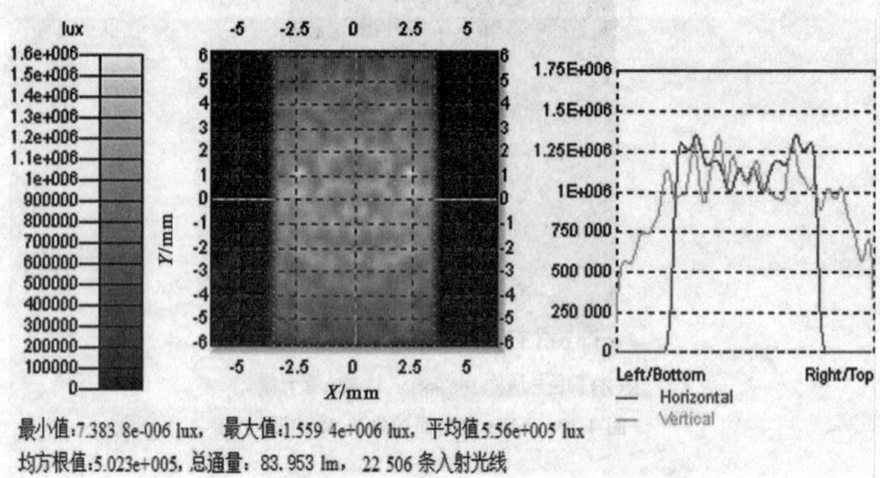

图 4-14 照度分布模拟结果图(LCOS 显示芯片)

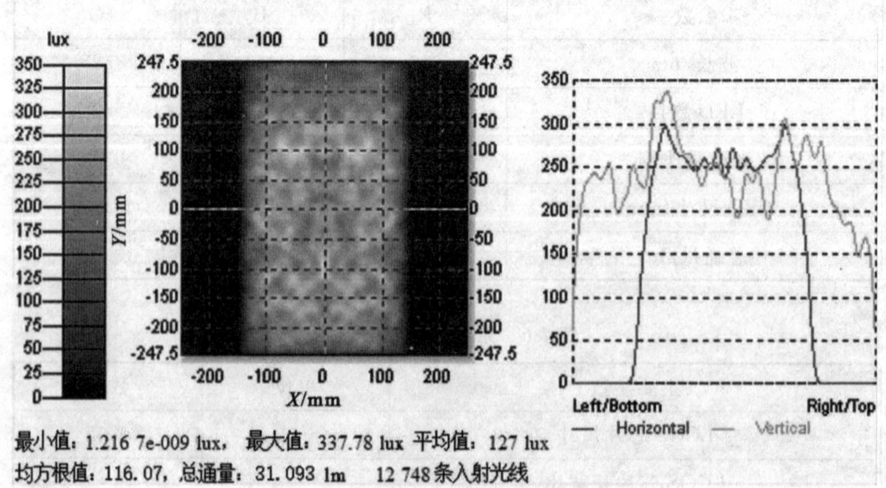

图 4-15 照度分布模拟结果图(投影屏幕)

布模拟结果图。通过计算，此方案在 LCOS 显示芯片和屏幕上均匀度分别为 87%和 83%。

表 4-7 是对该系统模拟效率结果的总结，考虑到 LCOS 反射率的影响和时间混色方式的特点，投影屏幕的光通量为 7 lm 左右，整体系统的光能利用率为 2.55%。

表 4-7　效率模拟结果

系统	效率
LED 光源收集	74%
X-cube 棱镜	77.2%
考虑光场溢出	75%
LCOS 芯片	67%
PBS	41%
混色模式	33.33%
投影镜头	65%
整体	2.55%

图 4-16 和图 4-17 分别是对此系统进行了实验验证的实验装置图和系统投影所得到效果图。通过采用 2.2.3 节中屏幕上的亮度测量方法，计算得到投影屏幕上光通量为 5.5 lm，与模拟结果相比，由于受到实际装配影响投影屏幕亮度有所降低。

图 4-16　实验装置图

图 4-17 投影效果图

§4.2.3 设计方案 4

4.2.3.1 模型结构说明

在采用 LED 为光源的单片式 LCOS 投影显示系统设计方案 3 中，为了将 SCPC 输出端面与 LCOS 显示芯片相连接，系统仍需使用 2f 系统作为中继系统，这是阻碍整个投影显示系统体积减小的最大障碍。为了减小系统体积，去除 2f 系统，本节采用 TIR 透镜用于 LED 光束收集和整形，设计出如图 4-18 所示的单片式 LCOS 投影显示系统方案 4。

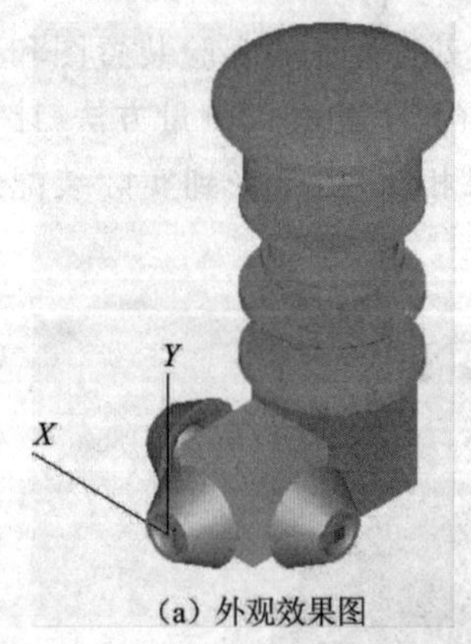

(a) 外观效果图

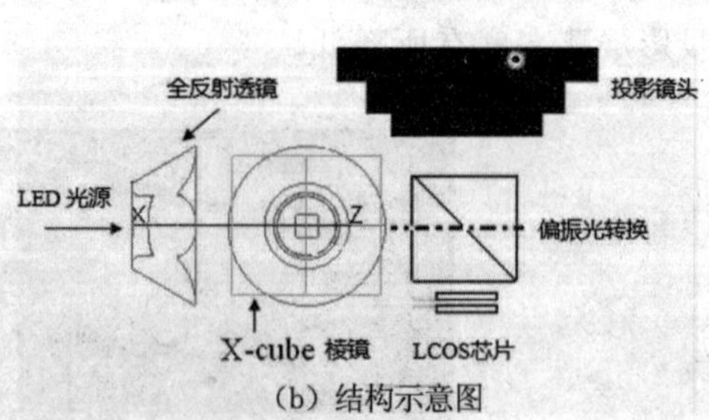

(b) 结构示意图

图 4-18 设计方案 4 结构示意图

本方案所采用的 LED 光源模型是以 OSRAM 推出的，专门用于投影照明的 OSTAR® Projection 系列 LED 中 LE A A2A、LE B A2A、LE T

A2A型号的三基色LED作为光源原形，每个LED光源都是由4个方形的LED芯片组成的。RGB LED发出的光束分别通过相应的TIR透镜，再经过X棱镜的混色和PBS偏振作用后，直接用于LCOS显示芯片的照明，其中TIR透镜所选用材料为PMMA(n=1.5)。为了使照明系统在色度方面满足设计要求，针对LED光源的光谱特性，在理论上对X棱镜上对角面上的反射膜透过率进行设置，使其分别反射蓝光和红光，同时透射绿光。由于系统去除了2f系统，系统体积减小为125 mm^3。

在方案4的设计中，TIR透镜结构的优化设计是关键，它的光束收集整形能力从很大程度上决定了系统的光能利用率和均匀度。在方案4对TIR透镜优化设计过程中，是将投影屏幕设置为目标屏，并保持除TIR透镜的结构参数以外的其他光学元件参数不变，通过对投影屏幕上获得的系统光能利用率和均匀度信息进行评价，利用基因遗传算法寻找出与系统中其他光学元件最为匹配的TIR透镜结构。

表4-8和表4-9分别是对LED光源和系统参数设置，其中采用宽高比例为4∶3的LCOS显示芯片，是为了尽量减小TIR透镜收集整形后的圆形照明光场与显示芯片之间不匹配带来的光能损失。

表4-8 LED光源模拟参数设置

参数	R	B	G
波长(nm)	617	464	525
LED数目	4	4	4
LED尺寸(mm^2)	4.41	4.41	4.41
光通量比例	0.341 5	0.092 5	0.566
总通量(lm)		300	

表4-9 系统模拟参数设置

主要参数	单位	数值
LCOS芯片尺寸	inch	0.47
LCOS芯片长宽比		4∶3
投影镜头F/#		1.72
屏幕尺寸	mm^2	290×386

4.2.3.2 模拟结果

图 4-19 是采用基因遗传算法设计 TIR 透镜所对应的收敛趋势，从图中可以看出在收敛过程初期迭代梯度很大，在经过 10 次迭代后就基本达到全局收敛。

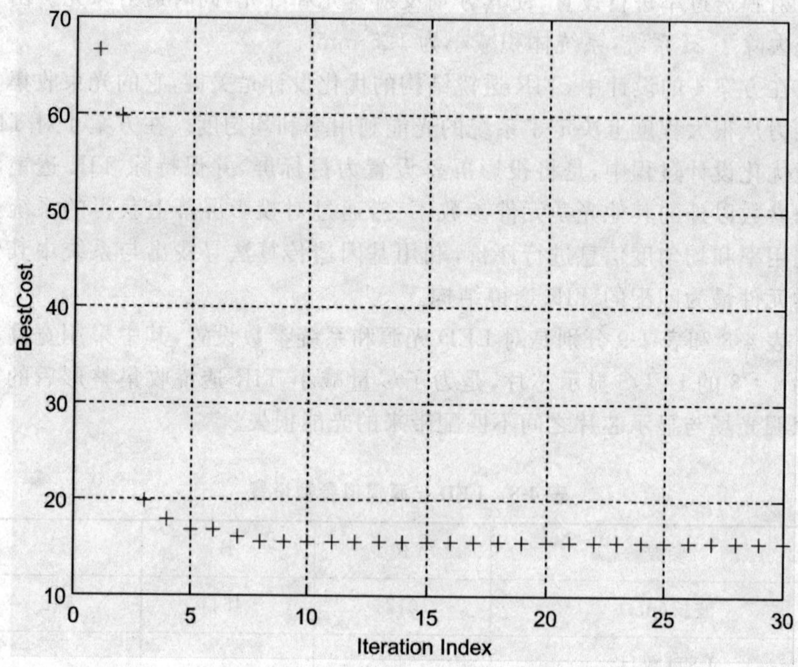

图 4-19 基因遗传算法收敛曲线

图 4-20 和图 4-21 分别是 LCOS 显示芯片和投影屏幕上的照度分布模拟结果图，其中由于在设计方案 4 的系统中只是通过优化设计的 TIR 透镜来实现光场均匀化目的，与采用 SCPC 集光器均匀化元件的方案 3 相比，LCOS 显示芯片和投影屏幕上光场的均匀度分别下降至 83%和 80%。

在计算 LCOS 微投影显示系统设计方案 4 的系统光能利用率时，为了使投影显示系统的模拟结果更符合实际情况，考虑到 LCOS 反射率的影响和时间混色方式的特点，得到最终到达投影屏幕的光通量应为 7 lm 左右，整体系统的光能利用率为 2.38%。在表 4-10 对整个投影显示系统效率模拟结果进行分析的过程中，可以看出由于在整个系统中未使用光棒等光学整形元件，造成到达 LCOS 显示芯片上的照明光场与 LCOS 之间互不匹配，LCOS 显示芯片只能利用光场中间部分光能量，这是影响整个系统利用率提高的主要因素。

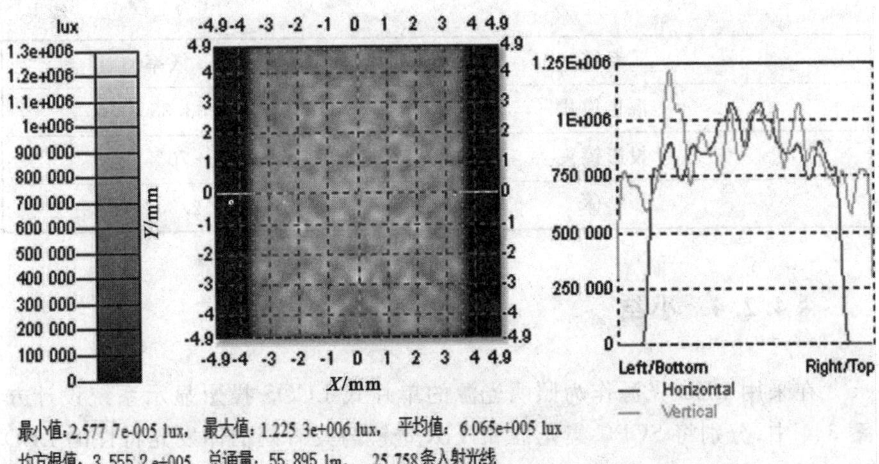

图 4-20　照度分布模拟结果图(LCOS 显示芯片)

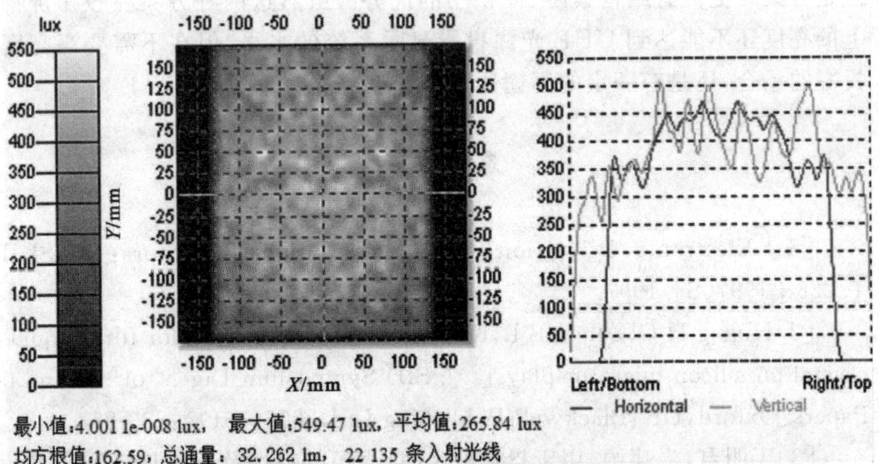

图 4-21　照度分布模拟结果图(投影屏幕)

表 4-10　效率模拟结果

系统	效率
LED 光源收集	95%
X-cube 棱镜	90%
考虑光场溢出	40%
LCOS 芯片	67%
PBS	44.5%

续表

系统	效率
混色模式	33.33%
投影镜头	70%
整体	2.38%

§4.2.4 小结

在采用 LED 光源作为照明光源的单片式 LCOS 投影显示系统设计方案 3、4 中，分别将 SCPC 集光器和 TIR 透镜与具有朗伯体发光特性的 LED 面光源相联接，LED 光源发出的光线经过两者的收集和整形后以不同的方式进入后续光学系统。经过比较，方案 3 和方案 4 具有相近的光能利用率，但是方案 4 更具有结构紧凑、体积小的优势。虽然这两种方案在投影屏幕上的亮度还不能达到 UHP 光源投影显示系统的水平，但在不需要高亮度投影的场合，还是有一定的用途领域。

参考文献

[1] Electronic Projection—Fixed Resolution Projectors: ANSI IT.228—1997[S].1997.

[2]Huang H C, Zhang B L, Kwok H S, et al. P-151: Color filter liquid-crystal-on-silicon micro displays[C]. SID Symposium Digest of Technical Papers. Oxford, UK: Blackwell Publishing Ltd, 2005, 36(1): 880-883.

[3]丁明君，牛萍娟. 用于投影的 LED 光源的特性及发展趋势研究[J]. 光机电信息，2008(8):43-47.

[4]邱永华. 浅谈光源在投影系统中的革命[J]. 电子与封装，2010，10(10):44-46.

第5章 总　结

投影显示系统是一个光、机、电一体化的复杂系统，其中照明系统是整个投影显示系统的核心，它的设计优劣与投影显示系统的光能利用率、照明均匀性、亮度等性能参数息息相关。尤其是基于微显示芯片的微投影显示系统，虽然显示芯片尺寸减小，但是市场对整个投影显示系统的性能要求却在不断提高，这需要投影显示系统中所设计的照明系统能够更高效地完成对显示芯片的照明任务。

本书在对非成像光学在投影显示照明系统设计理论的总结基础上，对目前几种在投影显示照明系统中经常采用的光学元件进行了详细的分析与光学软件模拟，并进行了创新性拓展，主要体现在：针对 UHP 光源和 LED 光源，分别改造和优化设计了特殊抛物面回复反射器 SPR 和 TIR 透镜，来取代球形抛物面反光碗 SR 和复合抛物面集光器 CPC，用于对光源所发出光线的收集和整形；并在此基础上设计了四套单片式 LCOS 微投影显示照明系统，分别对其进行光线追迹模拟和性能对比。表 5-1 中是对这四套设计方案的整体比较。

表 5-1　单片式 LCOS 微投影显示系统设计方案比较

光源	UHP		LED	
方案	方案 1	方案 2	方案 3	方案 4
LCOS 反射率	10%	10%	67%	67%
光能利用率	1.66%	2.14%	2.55%	2.38%
投影屏幕上的均匀度	82%	90%	83%	80%
体积/cm^3	310	700	265	125
屏幕上的光通量/lm	40	51.5	7	7
彩色化方式	空间	空间	时间	时间

方案 1 和方案 2 是采用空间混色方式和相同的 UHP 光源模型进行设

计的。在这两个方案中,将特殊抛物面回复反射器分别与椭球反光碗 ER 和抛物反光碗 PR 连接后,UHP 光源发出的光线将以不同的方式被收集和整形。特别是在方案 2 中,根据被收集光线以近似平行的方式在 SPR 出口出射的特点,在系统中加入了偏振转换系统 PCS,使得方案 2 与方案 1 相比,在投影屏幕上的最终光通量提高了 28%,但是同时 PCS 的加入也带来系统体积增大的不良后果。

方案 3 和 4 是采用时间混色方式和不同的 LED 光源模型进行设计的,其中前者采用比较常见的实体复合抛物面集光器 CPC,作为对 LED 光源所发出光线收集和整形的光学元件;后者则采用在投影显示系统中优化得到的 TIR 透镜来实现 CPC 集光器相应的功能。由于在 TIR 透镜优化结构设计过程中,不仅考虑了系统的光能利用率,还将屏幕上的照明均匀性作为评价函数的一部分,所以在方案 4 的系统设计中,去除了占据系统一定空间的 2f 系统,将 TIR 透镜收集整形后的光线,未经过光棒等均匀化光学元件的处理,直接用于 LCOS 显示芯片的照明,使得整体系统在投影屏幕上获取一定光通量和均匀度的前提下,体积相比方案 3 减小了 52%。

对这四种方案总体比较分析,从屏幕上光通量而言,采用 UHP 作为照明光源的方案 2 最具有优势,投影屏幕均匀度也最高,但是体积过大;从体积方面来看,采用 LED 作为照明光源的方案 4 最具有代表性,其系统光能利用率也比较高,但是其投影屏幕上的均匀度相比较其他几种方案就有所下降。

总的来说,四个系统还存在一些不足,仍需要进一步改进:对于采用 UHP 光源的投影显示系统,偏振转换系统的加入使得系统光能利用率和系统体积之间相互制约,如何使这两者得到互利和改善,是此类投影显示系统改进的重点;对于采用 LED 光源的投影显示系统,比较方案 3 和 4,后者更具有设计发展空间,其中由于 TIR 透镜实现的照明光场为圆形,不利于矩形显示芯片的光能利用,如何设计 TIR 透镜或通过 TIR 透镜与其他光学元件相组合的方式获取与显示芯片相匹配的矩形光场,是这方面需要做的下一步工作。此外,本书仅对 TIR 透镜结构参数进行优化设计,并未涉及到投影显示系统中其他光学元件,包括投影成像系统等,因此为了实现系统整体优化设计的目的,需要搭配不同的光学设计软件。综上所述,本书对 LCOS 微投影显示照明系统进行的是光学追迹模拟和初步实验,要进一步实现产业化的方案,仍需要做很多细节的改善工作。

在光源和显示芯片等投影显示系统相关技术发展日新月异的今天,如何提高投影显示系统的光能利用率和照明均匀性是照明系统设计的主要方向。随着微显示芯片在投影显示领域的广泛应用,为了使投影显示系统的光能利用率、图像质量、体积和寿命不断得到改进,使其在信息社会中发挥更大的作用,下一步主要是在已有的设计方案基础上,针对不同的适用环境设计出更精巧、性能更佳的投影显示照明系统。